水体污染控制与治理科技重大专项"十三五"成果系列丛书

辽河流域水污染治理与水环境管理技术集成与应用
（水生态环境承载力监测技术标志性成果）

流域水生态环境承载力监测技术

唐 婧 刘译阳 赵 月 著

LIUYU SHUISHENGTAI HUANJING

CHENGZAILI JIANCE JISHU

化学工业出版社

·北京·

内 容 简 介

本书从流域水生态环境承载力的概念组成出发，进一步揭示了水资源承载力、水环境承载力、水生态承载力、社会经济发展与流域水生态环境承载力之间的相互关联作用。全书共分5章。第1章介绍流域水生态环境承载力评估监测技术研究，第2章介绍流域控制单元功能特征类型划分技术研究，第3章介绍具有功能差异性的水生态环境承载力监测指标体系构建，第4章介绍具有单元特征水生态环境承载力监测主控因子筛选技术，第5章介绍水生态环境承载力监测技术方法。

本书具有较强的技术性和针对性，可供环境工程技术人员、科研人员阅读参考，也可供高等学校市政工程、环境工程相关专业师生学习使用。

图书在版编目(CIP)数据

流域水生态环境承载力监测技术/唐婧,刘译阳,赵月著.—北京:化学工业出版社,2023.5
ISBN 978-7-122-42962-9

Ⅰ.①流… Ⅱ.①唐…②刘…③赵… Ⅲ.①流域-区域水环境-环境承载力-环境监测-研究 Ⅳ.①X143

中国国家版本馆 CIP 数据核字(2023)第 029780 号

责任编辑:董　琳　　　　　　　　　　　　装帧设计:史利平
责任校对:李露洁

出版发行:化学工业出版社(北京市东城区青年湖南街13号　邮政编码100011)
印　　装:北京科印技术咨询服务有限公司数码印刷分部
787mm×1092mm　1/16　印张10¼　字数218千字　2023年7月北京第1版第1次印刷

购书咨询:010-64518888　　　　　　　　　售后服务:010-64518899
网　　址:http://www.cip.com.cn
凡购买本书,如有缺损质量问题,本社销售中心负责调换。

定　　价:85.00元

前　言

　　水生态环境承载力是推动地区经济发展与生态文明建设的重要因素。随着社会经济的不断发展，水资源分配不均衡、环境保护与社会发展冲突以及产业结构不合理等诸多问题导致流域水生态恶化、水环境承载力超载，这也进一步制约着社会经济的发展。自20世纪90年代起，我国政府意识到环境保护对国家发展的重要意义，重点关注经济、社会与环境三者之间的协调发展，始终将流域水环境的保护治理工作放在生态环境规划整治工作的首要位置，相继开展了以国家七大重点流域为整治对象的《水污染防治行动计划》（以下简称"水十条"）、《十三五重点流域水环境综合治理建设规划》及《重点流域水污染防治规划（2016—2020）》等相关规划研究。

　　"水十条"提出建立完善水生态环境承载力监测评价体系，并将水生态环境承载力监测及预警技术研究纳入"十三五"水专项规划之中，作为构建我国流域水生态环境管理技术体系的衔接环节。如何开展流域水生态环境承载力评估及监测技术的研究，使得研究成果落地，真正服务于水环境管理，逐渐成为学者目前广泛关注和研究的热点问题。

　　本书从流域水生态环境承载力的概念组成出发，进一步揭示了水资源承载力、水环境承载力、水生态承载力、社会经济发展与流域水生态环境承载力之间的相互关联作用，明确流域水生态环境承载力的各类评估指标，比较各类评估技术方法，介绍了现阶段国内外主流检测技术的发展现状以及目前尚未攻克的难关；对指标监测技术进行了技术适宜度评估，提出不同情境下的技术使用建议；在辽河流域选取污染特征显著的控制单元开展验证研究，并探究监测断面和指标监测频次的优化方法，为完善现阶段水环境生态承载力评估监测方案提供理论和技术支持。本书具有较强的技术性和针对性，可供环境工程技术人员、科研人员阅读参考，也可供高等学校市政工程、环境工程相关专业师生学习使用。

本书第1章由沈阳建筑大学唐婧、赵月执笔，第2章和第3章由唐婧、韩雨桐执笔，第4章由唐婧、张梦娇执笔，第5章由唐婧、刘译阳执笔。全书由唐婧统稿。感谢李亚峰、杨羽菲和张子一对本书写作提供的帮助。本书的出版得到了水体污染控制与治理科技重大专项"辽河流域水环境管理与水污染治理技术推广应用项目辽河流域水污染治理与水环境管理技术集成与应用课题"（2018ZX07601—001）的资助。

由于著者水平及时间有限，书中不妥之处和疏漏之处在所难免，恳请读者不吝指正。

著者
2022年10月

目 录

第1章
流域水生态环境承载力评估监测技术研究

1.1 水生态环境承载力研究背景与概念

1.1.1 水生态环境承载力研究背景

流域水污染是生态环境、资源利用和污染排放等多因素共同作用的结果。在我国经济的快速发展和城市化的过程中，环境污染与资源消耗问题相伴产生，对我国流域的水生态环境造成了极其不利影响，导致流域水生态环境承载力远超其承载负荷范围的不利局面，成为了经济社会可持续发展的制约瓶颈。为建立更完善的水环境管理体系，强化流域水污染防治和水环境修复工作的落实，按照流域水生态环境可持续发展的计划要求，正确评估当前流域水生态环境承载力现状，并对临界超载的流域控制单元采取有效的风险控制方案和污染防治措施，才能有效抑制流域水污染恶化的趋势，加快修复受污染水体的同时保障其他水资源实现可持续发展。

流域水生态环境承载力评估是流域水环境管理体系中承上启下的重要环节，并在生态承载力的研究中得到应用与发展。1798 年，马尔萨斯在人口理论中，通过阐述限制区域内人口数量与粮食产量之间的关系，得出自然资源对人口数量增长存在限制作用的结论，并首次提出了承载力这一概念。承载力概念表明了区域自然资源与生物生存发展之间的相互制约关系。与力学上的承载力概念不同，生态承载力具有动态性和可逆性，当区域资源承载力超过承载极限时，可通过及时采用人为措施进行干预，使自然生态环境得到修复。承载力概念的提出为人类解决生态问题提供了新的思路。

1838 年，比利时数学家 Verhulst 首次将人口理论运用数学模型逻辑斯蒂方程（logistic equation）进行表达，并应用实际数据得到验证。逻辑斯蒂方程与增长极限 K 值数学模型如图 1-1 所示。

1921 年，Park 和 Burgess 首次将承载力概念应用在生态学领域，定义为在某

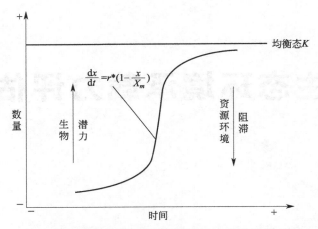

$$\frac{dx}{dt}=r*(1-\frac{x}{X_m})$$

图 1-1　逻辑斯蒂方程与增长极限 K 值数学模型

一特定条件下某种个体存在数量的最高极限，由此展开了人们对生态承载力的研究。1953 年 Odum 将生态承载力和逻辑斯蒂方程中的 K 值联系起来，将生态承载力与数学模型相结合，定义为特定区域种群数量的增长极限，使生态承载力概念得到数学表达。19 世纪末期，生态承载力概念在牧场的经营和管理中得到实际应用，用来确定牧场中可容纳的最大规模生物数量，使有限区域内的草地资源可持续地供给牧场生物的生长繁殖。此后生态承载力概念不断成为国内外学者在探究生态环境资源和实现可持续发展的热点。随着应用的广泛普及，生态承载力的概念和计算也在不断得到更加系统化、具体化和严格化的修正。

1.1.2　水生态环境承载力概念组成

1921 年，Park 将承载力概念引入生态学领域，将生态承载力定义为某一特定条件下某种个体存在数量的最高极限。定义中的特定条件指水、阳光、空气等环境因素。随着资源衰减、环境污染、人口扩张和一系列自然灾害的发生，国内外专家学者对承载力的研究从生物种群角度逐渐应用在资源环境管理方面。为了使评价结果更加准确，专家学者不断将区域经济发展、自然环境等多因素纳入模型体系中进行计算研究。

1984 年，联合国教科文组织给出了资源承载力的定义，认为在可以预见的期间内，一个国家或地区利用本地能源、自然资源、智力、技术等条件，在保证符合当地社会文化准则和物质生活水平的条件下，可持续供养的人口数量。此后水资源、矿产资源和土地资源等承载力定义和实践研究都围绕这一概念展开，并形成了各自的概念和内涵。

（1）水资源承载力

对于水资源承载力的研究，不同研究人员在进行特定区域水资源承载力评估时给出了不同的定义。从协调各个区域水资源量和城市供水能力的角度出发，将水资源承载力定义为各个区域的水资源量可以承载的最大城市规模，减少水资源对城市建设和社会发展的约束。在定量评价工业型城市水资源承载力时，将水资源承载力定义为特定的时间、经济和技术条件下，区域内水资源所能支持的人类活动能力的阈值。建立区域水资源承载力模型时，给出水资源承载力的定义为以未来不同的时间为尺度，基于一定规模的生产条件，并能够保证正常的社会文化准则的物质生活水平，特定区域用直接或间接资源，特指自身水资源、持续供养的人口数量。构建水区域资源承载力评估体系时，将水资源承载力定义为在未来的时间尺度上，基于预期的经济技术发展水平，保证不危害生态环境的前提下，区域内可利用水资源具备持续供养社会体系良性运行的能力。此后不同研究团队在进行水资源承载力计算时，虽然对概念重新予以定义，但是对水资源承载力的定义均具备以下特征。

① 特定区域。通常指一个城市或地区，有界定的范围，评估在范围内进行。

② 特定条件。评估区域的社会经济发展、技术条件、生态环境资源等。

③ 承载受体。评估区域可持续支持的最大人口数和经济发展规模。

因此有关水资源承载力可概括为特定区域、特定条件下，评估资源可持续承载的最大限度规模受体数量。评估体系由水资源子系统和人口社会（工业发展、农业发展、社会经济、人民生活等）子系统形成的耦合系统。

（2）水环境承载力

对水环境承载力的评估研究晚于水资源承载力的研究，但同样由环境承载力的研究演化而来。1995年，我国研究人员率先开展了对城市水环境承载力的量化评估，给出了城市水环境承载力定义：特定地区、时期和状态下的水环境状态所能支持该城市经济发展和生活需求的能力，用来定量衡量城市发展和水环境条件之间的适配程度，并采用系统动力学方法对某一城市的水环境承载力进行评估，给出了避免该城市水环境承载力超负荷的调整战略。此后研究人员采用 N 维空间向量发展变量法评价水环境承载力，将水环境承载力定义为在维持一定区域的自然环境和社会经济发展情况下，区域水环境（包括水资源和水污染）可支持区域社会经济发展的能力。

由此可见，与水资源承载力不同的是，专家学者进行水环境承载力的评估时，除可利用的水资源外，将污水排放、污水治理投资等因素纳入评估体系，而承载受体也由区域人口数量扩充到社会经济和生态环境健康平稳发展。评估对象为水环境子系统和社会经济子系统的耦合系统。在随后的水环境承载力评估研究过程中，各专家学者对水环境承载力的定义基本以"特定区域范围、自然资源和技术条件下，当前水环境条件能够可持续支持的社会经济发展规模"展开，其概念侧重强调自然水体的纳污能力。

（3）水生态承载力

水生态承载力作为生态承载力的子单元，通常包含在生态承载力的研究中，有关水生态承载力定义的相关参考文献有限。在"十一五"水专项期间，相关课题组开展了对我国重点流域水生态承载力的评估工作。将水生态承载力定义为水资源、水环境、生态系统和区域经济发展四重子系统耦合的复合概念。同一时期，王西琴团队在进行太湖流域水生态承载力评估时，认为水生态承载力是在水资源承载力和水环境承载力基础上，基于一定的生态保护目标和自然发展要求的复合承载力。这与彭文启团队给出的水生态承载力内涵不谋而合。二者不仅将水资源和水环境承载力相耦合，同时纳入了生态保护的要求，充分展现出概念的生态性内涵，符合可持续发展的目标战略。

综上所述，随着人们对生态环境意识的逐渐提高，对水生态环境承载力的概念经历了由水资源承载力、水环境承载力到水生态承载力的发展。其组成发展可如图1-2所示。由此可将水生态环境承载力概念概括为在特定区域、时间、技术发展和经济规模支撑的条件下，在维持现有的水生态环境系统结构和功能可持续发展的条件下，以一定的生态环境保护目标要求为前提，所能支撑的该区域内的人口规模和社会经济阈值。

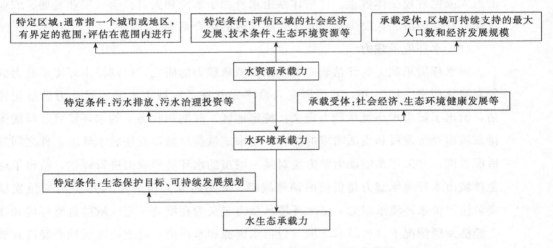

图1-2　流域水生态环境承载力概念组成发展

1.1.3　水生态环境承载力内涵研究

流域水系是地表水资源的主要载体。由流域水系所支撑的流域生态系统是地表最富生产力和生物多样性最为丰富的生态系统类型之一，具有很大的生态服务功能，承载着人类社会发展，也养育着众多的生物。流域水系不仅为人类社会经济系统提供水资源、水产品等支撑作用，还同时接纳人类社会经济系统产生的排水和废弃物质，通过水生态系统内的食物链网络同化消解废弃物质，维持水生态系统的结构和功能的基本稳定。流域水生态环境与社会系统作用关系如图 1-3 所示。

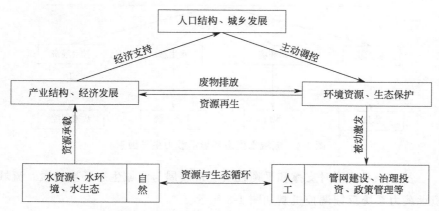

图 1-3　流域水生态环境与社会系统作用关系

由于人类的主观能动作用，人类具有主动改造自然环境的特性。随着对自然规律认识的逐渐深化，人类对自然系统的改造力度、深度和广度空前扩大，尤其是近 200 年来，全球范围内对河湖生态系统的改造已经达到空前的规模。随着全球城市化、工业化的快速发展，水资源日益成为稀缺资源，社会经济用水需求不断提升，人类通过大量工程手段来提高供水量和供水保证率，大规模的人类活动深度扰动了地球表层天然水循环过程，从而影响了水资源的形成与演变。流域水生态环境承载力评价面向社会经济、流域生态环境系统和资源现状，评价分析社会经济与流域生态环境之间的耦合关系和协同进化关系。

基于流域水生态环境承载力概念发展的研究和经济社会可持续发展方式的需求，总结流域水生态环境承载力基本内涵如下。

（1）复合性

从流域水生态环境承载力概念发展角度出发，水生态环境承载力评估对象为流域水资源、水环境、水生态和社会经济复合系统，其中流域自然水体与人工设置供排水体系所共同构成的资源配置格局起到调控承载力的关键作用。

（2）反馈机制

流域水生态环境承载力是由水资源、水环境、水生态和社会经济四个子系统组成的一个复合系统，该系统同时支撑和平衡社会经济发展与流域生态环境健康。流域水生态环境承载力主导因素如图 1-4 所示。其中，水资源承载力主要反映水量对系统的调控作用；水环境承载力主要反映水质对承载力的限定作用；水生态承载力按照水生态系统完整性保护要求，以水生生物保护为基点，在水资源和水环境基础上，结合自然和水文条件变化情况，表现出生态对承载力的响应效果；社会经济系统从可持续角度出发，以资源节约、环境保护和生态健康为规划目标，通过人类干预措施实现对水生态环境承载力的主导调控作用。

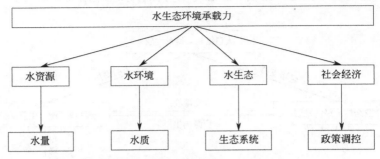

图 1-4　流域水生态环境承载力主导因素

各个子系统同时支撑和平衡社会经济发展与流域生态环境健康。流域水生态环境承载力系统反馈调控机制如图 1-5 所示。

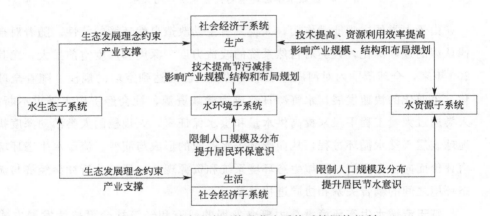

图 1-5　流域水生态环境承载力系统反馈调控机制

（3）稳定性

流域水生态环境承载力系统调控过程是流域内经济社会活动、气候和水文条件变化驱动下，基于水循环、物理过程、化学过程和生物过程综合作用表现的结果。维持物理、化学、生物完整性的水生态环境系统，是流域经济活动和资源利用实现可持续发展的基础。水生态环境系统同时具备一定程度的结构和功能稳定性，因此自然水体的水体自净能力是水生态环境承载力的关键支撑条件，既可缓解系统外界污染和压力破坏，又可最大限度地保障水生态环境承载力的正常调节作用及功能发挥，是维持流域生态环境持续稳定健康的基础保证。

（4）平衡性

流域水生态环境系统在自然及人类等外界条件变化的干预和系统内部结构及反馈机制作用下，时刻处于动态演化过程中。从水资源、水环境、水生态和社会经济系统耦合情况看，各个子系统之间存在物质、能量和信息的交换并保持动态平衡。这种动态平衡主要表现在两个方面：一方面，当复合系统中社会经济子系统变化后，通过系统间耦合机制的作用，将压力传到其他子系统内，在其他子系统自身的"自我维持、自我调节"的共同作用下，使得整个系统与周围外界达到一个新的动态平衡，承载力也相应发生改变；另一方面，从人类社会发展角度出发，人们可为实现自身发展主动地调整社会经济系统的结构和功能，系统承载力也将相应发生变化。流域水生态环境承载力动态平衡与社会发展程度关系如图1-6所示。

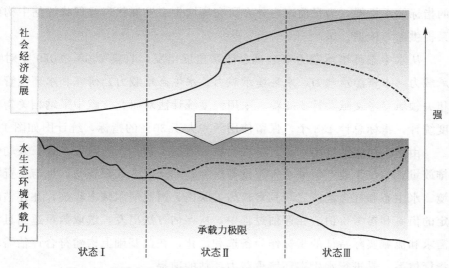

图 1-6　流域水生态环境承载力动态平衡与社会发展程度关系

从图 1-6 中可以看出，在状态Ⅰ低发展水平和状态Ⅲ可持续发展水平的社会经济条件下，水生态环境承载力较高，状态Ⅱ粗放发展水平的社会经济条件下水生态环境系统状态较差。当经济发展速度较快时，可实现社会经济结构转型，整个社会经济发展水平得到提升，但同时也存在转型失败的风险，社会经济发展水平下降。且在每一个状态的转折时期，水生态环境承载力同样面临上述两种情况。因此，水生态环境承载力的内涵强调了一定社会发展阶段、一定技术水平、一定收入水平等的限定作用，在社会大力发展经济的同时，必须时刻关注资源和生态环境的变化，及时采取调控方案，使社会系统和环境系统互相促进，共同提升。

（5）可控性

流域水生态环境承载力的优化调控方式既包括社会经济发展方式的调控，又包括流域水生态环境系统的保护和修复。前者是前提，后者是手段。以社会经济强度和具有一定生活水平的人口数量表征承载力处于合理状态是实现流域社会经济和生态环境保护可持续发展的前提。

1.2 流域水生态环境承载力评估技术发展现状

1.2.1 国内外水生态环境承载力相关评估指标研究

水生态环境承载力评价指标体系是将水生态环境承载力定量评价的重要依据。1996 年联合国可持续发展委员会（UNCSD）以《21 世纪议程》规划内容为出发点，从经济、社会、环境和机构四大系统概念模型出发，提出以可持续发展为核心的指标体系框架，为目前国内外在研究环境生态发展状态或现状评估中构建指标体系提供参考依据。

从水生态环境承载力概念耦合体系角度出发，收集 2008—2020 年对与水相关承载力（水资源承载力、水环境承载力、水生态承载力）研究和水环境管理评估等相关领域参考文献共计 165 篇，采用频度统计法对研究文献中采纳相关指标进行频度统计，指标总计 138 个，保留使用频率大于 30％的指标，统计图如图 1-7 所示。

由于人均生活日用水量、单位面积灌溉用水量、人均水资源量、人均生活废水排放量、单位工业产值废水排放量等指标数据获取方式较容易，且与水资源、水环境、水生态和社会经济之间具有较高关联性，因此使用频率较高，在评估时具备一定的借鉴和参考价值。在评估过程中，从评估方法出发，选取数量适当且符合方法需求和流域实际特征的指标作为备选和优化，在此基础上构建符合评估需求的评估指标体系，是进行水生态环境承载力评估的前提。

1.2.2 国内外水生态环境承载力评估方法研究

有关流域水生态环境承载力的量化研究起步较晚，仍处于探索阶段，评价方法在很大程度上参照生态承载力、环境承载力和资源承载力的计算方法。依据对水生态环境承载力评价思路可将评价方法归纳为 3 类：综合指标体系评价法、资源供需平衡法和多目标规划法。

（1）综合指标体系评价法

综合指标体系评价法是根据研究所构建的各项评价指标的具体数值，应用统计学方法或其他数学方法计算出水生态环境承载力指数等级，实现对评估流域水生态环境承载力评估研究。这类评价方法思路清晰，评估目的直观明确，因此在水生态环境承载力量化评价中的应用最为广泛。评价方法包括向量模法、主成分分析法、层次分析法、模糊综合评价法、灰色关联法。

① 向量模法。将水生态环境承载力视为 1 个由 n 个指标构成的向量，对 m 个水平年承载力值为 E_j（$j=1, 2 \cdots m$），E_j 由 n 个指标组成，各项指标权重为 w_i

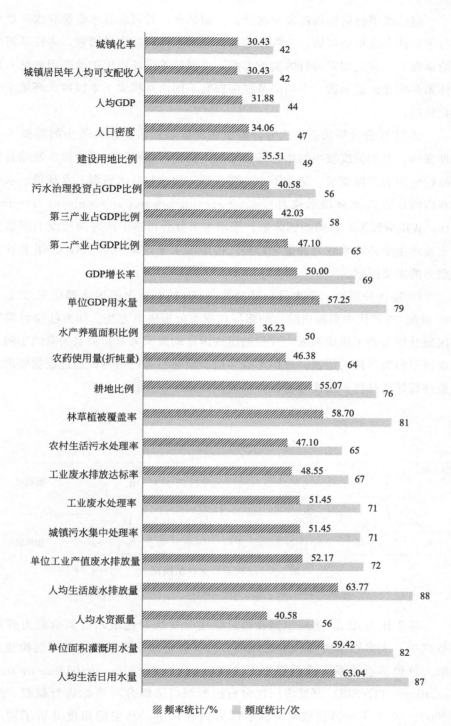

图 1-7　研究文献评估指标统计

$(i=1,2\cdots m)$，得到 E_{ij} 进行归一化。归一化后的向量模作为评定水环境承载力大小的依据。

赵彦红等将向量模法和层次分析法相结合，对河北省水资源和水环境承载力进行了定性和定量的评估，分析影响水资源和水环境的主导因素，为提高河北省水环境承载力，制定切实可行的实施方案。贾振邦等将环境保护治理因素纳入评估指标体系并构建向量函数，采用向量模法探究不同治理模式下本溪市水环境承载力的变化情况。

② 主成分分析法。主成分分析法在保证数据信息损失最小的前提下，通过线性变换，对相关度较小的指标进行筛选，优化评估指标体系，以少数综合变量取代原始采用的多维变量，避免了主观随意性。构建包含水资源、水环境、水生态特征在内的水资源-水环境承载力（water resources-water environment carrying capacity，WR-WECC）评估指标体系，采用主成分分析法，从时间尺度上评估分析长江支流水生态环境承载力的变化趋势，得出污水处理率和单位 GDP 用水量为影响承载力的主要因素。

③ 层次分析法。层次分析法简称 AHP 法，是由美国运筹学家 T. L. Saaty 于 20 世纪 70 年代中期提出的一种多层次权重分析决策方法。该方法是将需要解决的问题分解为若干组成因素，并根据组成因素的隶属关系和关联关系的不同，把各组成因素归为不同的层次，进而形成多层次层层递进的结构，通过数据处理和权重赋值进行评估计算。层次分析法评估模型如图 1-8 所示。

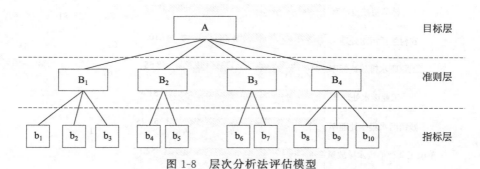

图 1-8　层次分析法评估模型

A—目标层指标；$B_1 \sim B_4$—准则层指标；$b_1 \sim b_{10}$—指标层指标

基于压力-状态-响应模型在通过层次分析法对区域水资源承载力开展的评估研究中，大多以水资源、生态环境、经济社会 3 个子系统为准则层构建水资源承载力评价指标体系。采用理想解法（technique for order preference by similarity to solution，TOPSIS）模型将层次分析法和熵权法组合对指标进行赋权，应用于对2002—2017 年黄河流域水资源承载力的评估中，从空间角度分析了同一时期不同地区影响承载力的差异性因子，以衡量不同地区资源利用和环境生态现状的差异。

④ 模糊综合评价法。模糊综合评价法是将水生态环境承载力视为一个模糊综合评价的过程，通过合成运算得出评价对象从整体上对于各评语等级的隶属度，再

通过取大或取小运算确定评价对象的最终评语。模糊综合评价法通常与权重计算方式相结合来进行承载力的评估研究，具体评估流程如图 1-9 所示。

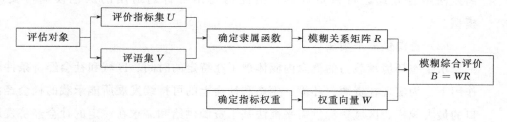

图 1-9　模糊综合评价法评估流程

徐志青等从社会经济、水资源、水环境三个层次选取 18 个评估指标构建评估模型，采用模糊综合评价法对 2006—2016 年南京市水环境承载力情况进行了动态评估和障碍因子分析。研究发现，以人均水资源量和水资源开发利用率为代表的水资源子系统对南京市水环境承载力大小的影响最为显著，且人口密度、水资源供给与需求之间的矛盾和功能区水质达标率是制约南京市水环境承载力提升的重要因素。孙康等采用模糊评价法对芜湖市水资源承载力进行评估研究，结果表明芜湖市水资源承载力正处于临界适载状态，且呈逐年提升趋势。以模糊评价理论为基础，利用水环境和社会经济系统之间指标响应关系的不确定性，以随机目标函数对评估指标进行优化，构建出模糊随机优选评估模型，并在特定研究流域进行了模型的验证。时佳等为弱化量化评估过程中主观因素对结果的影响，运用模糊评价法采用综合赋权方式对干旱区叶尔羌河流域水资源承载力进行了等级划分。

⑤ 灰色关联法。灰色关联法适用于描述系统动态变化的本质特征。灰色关联法需要的原始数据少，方法计算简单，一般不需要多因素数据，只需预测对象本身的单因素数据。灰色关联分析的实质是对几个数据序列曲线间所成形状的比较分析，用关联程度表征形状的相似度，形状相似度越大，则认为它们的发展态势越接近，关联程度也就越大，反之则越小，计算流程如图 1-10 所示。该方法适用于描述系统动态变化的本质特征，适用于原始数据少的评估区。

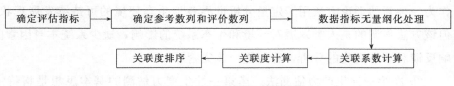

图 1-10　灰色关联法计算流程

张静等采用灰色关联法在备选指标内筛选出 10 个关联度较高的评估指标组建评估指标体系，结合主成分分析法对宁夏水环境承载力动态变化进行分析。研究表明，工业废水排放量、城市污水处理率等指标为制约宁夏水环境承载力关键因素。柴乃杰等针对水资源承载力受多种不确定因素影响的特征，以模糊集理论为基础，运用灰色关联法将指标优化调整后采用博弈论理论，将熵权法和最大离差法组合方式进行权重计算，由此构建出可普遍适用的灰色模糊可变决策模型。

（2）资源供需平衡法

水生态环境承载力的概念内涵体现了在特定的时间、区域和社会经济条件限制作用下，为实现在资源、环境、生态和社会上的可持续发展所能承载的社会经济人口的最大规模。区域资源供需平衡法基于资源供给和需求在一定的社会经济发展规模下处于相对平衡状态的原理，从某地区现有的各种资源量与当前发展模式下社会经济对各种资源的需求量之间的差量关系，以及该地区现有的生态环境质量与当前人们所需求的生态环境质量之间的差量关系，对实现流域水生态环境承载力进行评价。这种方法最为贴切水生态环境承载力的概念内涵，从供给和需求两个角度展开，侧重对"量"的计算。具体方法包括广为应用的生态足迹法、净第一性生产力估测法等。

① 生态足迹法（ecological footprint）。1992 年加拿大生态经济学家 Mathis Wackernagel 首次提出生态足迹理论。该理论依据人类社会发展过程对土地需求的依赖性，定量测算区域可持续发展水平。生态足迹的概念 1999 年传入我国，许多学者为了对区域的可持续发展程度进行量度，采用生态足迹模型对一些城市的生态足迹进行了量算。针对水产品生态足迹、水资源生态足迹和水污染生态足迹分别建立对应的计算模型，共同耦合成水生态足迹模型，对浙江省湖州市进行水生态承载力评价，并发现水生态承载力大小受水产品生态足迹因素影响最为显著。以水生态足迹模型为理论基础，结合自回归移动平均模型（autoregressive integrated moving average model，ARIMA）对我国人均水资源承载力现状进行评估，针对现状制定可持续发展政策以缓解当前资源紧张局势。以生态足迹理论为依据，对张家口地区水资源承载力控制方案实施效果进行预测和验证。根据水生态足迹建立水资源承载力评估模型并讨论其应用的可行性。

生态足迹法因理论基础坚实，指标体系结构简洁，方法普遍适用性强，很快被作为一种新的理论方法用于定量分析世界各地生态环境的可持续发展现状与规划。但该方法强调的是人类发展对环境和生态系统的影响，缺少系统本身因素间互相影响反馈和动态变化的分析，有待进一步完善。

② 净第一性生产力估测法。净第一性生产力估测的基本思想是指特定的生态环境区域内第一性生产者的生产能力通过量化表示，且生产能力在一个中心位置以一定范围上下波动，与背景调查数据进行比较，偏离中心位置的某一数据可视为生态环境承载力的阈值。1975 年 Lieth 等首次构建植被净第一性生产力模型，并对特定区域内植被生产能力进行量化评估。此外，Ulittaker 和 Uchijima 等对现有研究

模型进行对比，根据净第一生产力调控概念的定义、模型中调控因子的侧重和模型在评估过程中可实施的难易程度，将模型划分成气候统计模型、过程模型和光能利用率模型三大类。我国的净第一性生产力研究起步较晚，目前应用范围较为广泛的是根据水热平衡联系方程及植物的生理生态特点建立的自然植被的净第一性生产力模型。净第一生产力模型虽可以直观地将系统生态环境生产能力进行量化表达，但仅考虑了生态环境-社会经济复合系统的自然要素，而没有考虑社会经济、技术进步等方面对承载力的影响，因此在水生态环境承载力评估研究中应用较为局限。

（3）多目标规划法

多目标规划法由 Charnes 和 Cooper 在 1961 年提出。该方法将整个系统分解为若干个子系统，针对各个子系统情况分别构建出对应模型，多目标规划模型如图 1-11 所示。各子系统模型既可单独运行又可相互配合。

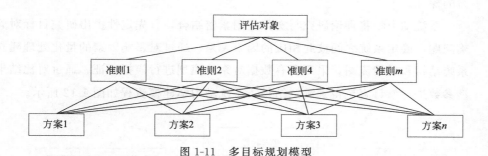

图 1-11　多目标规划模型

该方法综合考虑系统中重要因素之间相互促进又互相制约的作用关系，在实现区域水生态环境承载力动态评估研究的同时，可预测整体和各个子系统未来发展趋势，适用于数量关系明确，系统稳定程度较高且受影响因素较少的区域承载力评价。1980 年 Lucien Duckstein 首次在水环境领域将多目标规划法进行应用，并对多目标规划模型在评估过程中的优化方法进行翔实的阐述。1986 年 Steuer R E 将多目标规划模型在水资源承载力评估中的理论方法、计算和应用进行说明。

基于多目标规划法的承载力评估在我国起步较晚，但应用较为广泛。翁文斌等将水资源规划纳入到宏观经济和环境系统，用多目标规划模型探究不同发展战略驱动下经济发展和环境等因素对水资源的影响情况。程国栋等采用多目标规划模型，在保证生态用水充分的前提下验证了多目标决策分析模型在评估黑河流域水资源承载力的可行性。郝芝建等通过确定钦州市水资源承载力影响指标的数量关系，建立多目标规划模型评估钦州市水资源承载力现状，并对未来水资源可承载的经济社会发展指标加以预测，为钦州市水资源合理配置和经济社会可持续发展提供决策依据。

通过将多目标规划方法与其他方法模型相结合，可实现对参数的优化研究。首先通过评估模型建立，寻找出对系统状态影响较大的关键点和与之相应的参变量，以此为核心建立多目标规划模型，求解多目标规划模型（multi-objective programming，MOP）获取关键点最优解集。再根据模型的解，针对具体情况设计模拟运行方案，与决策者进行交互，取得系统发展的优化最佳规划方案。

（4）系统动力学法

系统动力学是 1956 年由 Jay W. Forrester 创立的，将生命系统和非生命系统都作为信息反馈系统来研究，是一门分析研究信息反馈系统的学科，也是一门认识系统问题和解决系统问题交叉的综合性学科。1970 年 Jay W. Forrester 首次提出以系统动力学理论为基础的世界发展模型，该模型包含人口、资本、农业、资源和污染等五个子模块，通过各个模块之间的作用反馈机制和影响效果最终得出世界资源趋于枯竭的结论。1972 年出版的著作《增长的极限》是以系统动力学理论为基础，探究世界资源承载力最早的也是最系统全面的资料，由此开启各界学者对资源承载力的探究。

系统动力学将理论研究与实际应用紧密结合，首先定性提出研究目标对象，明确问题，确定系统之间彼此相应的因果关系。通过对影响因素的量化处理建立模型系统结构和反馈流图，采用现有数据对系统模型进行模拟验证，通过对比结果对模型参数进行修订直至得到满意结果。系统动力学建模流程如图 1-12 所示。

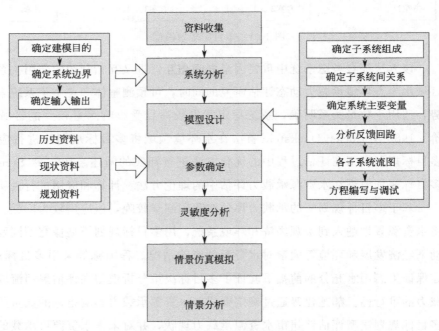

图 1-12　系统动力学建模流程

由此可见该方法的两大优点：一是灵活性好，可随时在系统内增删因素或调整参数，建立与发展情况最为贴切的计算模型；二是应用广泛，不仅可以用来研究系统变化过程和发展趋势，又可以用来分析政策因素的作用，集对策、决策和预测功能为一体。

系统动力学法在承载力研究中应用较为广泛，该方法综合考虑人口经济与资源环境之间的相互关系，通过量化计算，建立系统动力学模型，模拟不同发展战略驱动下人口与资源环境承载力间的作用关系，从而为区域长远发展和规划制定方案。孙佳乐等针对汉江流域经济发展与环境生态现状，选取部分影响因素，建立系统动力学模型并验证模型的响应程度，为提升汉江流域制定 7 种备选方案，通过验证选取其中最优方案为提升水生态环境承载力保证的最大效果。王西琴等以常州市为例探究水生态承载力情况，将系统动力学和投影寻踪法结合，建立水生态承载力模拟优化方案，并从节水和污染控制角度建立 5 种承载力提升方案，最终验证得出选取以提升水资源利用率、降低重点污染行业发展速度、增加污水投资比例等因素为主导的高污染控制方案，可最大程度提升常州市水生态承载力。王武科等将渭河流域可调度水资源量为分配对象划分给 4 个以地域为界限的子系统，运用系统动力学（SD）构建渭河流域关中地区水资源调度系统模型，对比分析了渭河流域水资源调度的 5 种方案驱动下的水资源分配效果。

赵卫等以系统动力学理论为基础，从污染水排放净化情况和水资源供需情况入手，建立辽河流域水环境承载力系统动力学仿真模型，探究辽宁省辽河流域水环境承载力的动态变化情况和影响因素。苏琼等基于系统动力学理论水质模型建立了描述深圳河流域社会、经济、水资源和水环境系统的耦合模型（SD-WQM）并定量分析了三产比例调整、工业结构内部调整及产业技术提升对流域供需水平衡和水质改善的影响。

基于系统动力学法可反映系统内部各个因素互相作用反馈效果与水生态环境承载力内涵十分贴切这一特点，在承载力评估应用中十分广泛。课题"流域水生态承载力与总量控制技术研究"（2008ZX07526—004）研究指出，针对采用系统动力学法研究区域资源环境和生态承载力研究时重点集中在以下方面。

① 对流域水资源系统、复合生态系统基本结构及反馈机制的揭示。系统动力学关键在于系统的结构与反馈机制的概化的合理性和模型结构的准确性。基于二元水循环机制以及水资源配置思想，概括提炼出流域水资源系统的结构以及区域社会经济系统的结构，通过反馈机制在各层子系统之间、层与层之间相互联结，彼此制约又互相促进，共同表现水生态环境承载力特性，"十二五"课题水资源子模块系统动力学反馈流图如图 1-13 所示。

② 明确评估对象各个子系统耦合的关系。针对社会经济-流域（区域）水生态环境系统等具有多目标、多层次、群决策的复杂系统，学者们提出了在系统动力学模型基础上建构模型群的耦合思想，并进行了尝试。左其亭基于系统动力学原理，对人水系统模拟提出了更具实用意义的嵌入式系统动力学模型（ESD 模型），在系

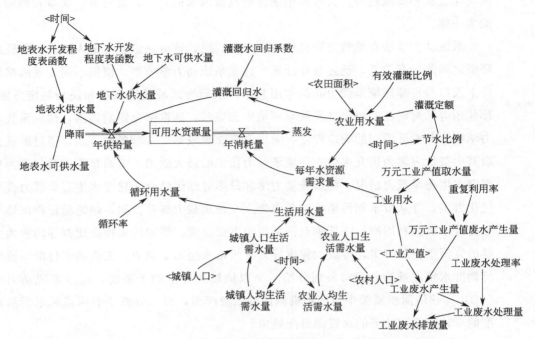

图 1-13　"十二五"课题水资源子模块系统动力学反馈流图

统动力学理论方法的基础上，考虑到社会经济系统、水循环系统（包括社会水循环系统、自然水循环系统）自身的特点和规律，在系统动力学模型的基础上，加入其他学科的定量化模型，共同耦合成评估模型。程国栋针对西北地区的特点，提出了西北地区水资源承载力的研究框架，针对社会-经济-资源-环境这一复杂系统的可持续发展问题，提出了由宏观经济模型、水资源系统模拟模型、区域生态系统演变模拟模型、水资源管理分析模型，以及水资源承载力分析的多目标模型所组成评估模型。

③ 对流域内上下游、左右岸等异质空间单元耦合关系的处理。在承载力研究方面，对系统动力学与空间异质性的结合进行了有益的探索。方创琳等针对黑河流域水生态-经济协调发展耦合模型因果反馈流程的构建采用"先分后合"的原则进行，即先分别建立黑河上、中、下游水生态-经济协调发展耦合模型的因果反馈流程，再将流域上、中、下游的因果反馈流程通过流域水轴线和各种物质流有机耦合起来，形成黑河全流域水生态-经济协调发展耦合模型的因果反馈流程，使得上、中、下游因果反馈流程中的任何一个参量发生变化时，都会引起上、中、下游地区和全流域所有要素的变化。

④ 对水质水量耦合的处理。水环境承载力本质上需要在考虑水量水质耦合的基础上，对其调控实质上包含了水量水质联合调配、水资源优化配置与总量控制相结合等内涵。尽管对水环境承载力的概念、内涵、承载机制、研究方法等进行了

大量的探讨，但真正能表现水环境承载力的时间性、空间性、动态性和地区性等特征的计算方法仍然是系统动力学方法。付意成等在传统水资源调控基础上，将水质耦合进二元水循环模块中，建立起在时空上合理调配的水量水质联合调控模型，进行水量水质联合调控的多目标动态耦合求解，在可持续利用原则下，首先确定水量过程，然后根据水质模拟结果与水体纳污能力的管理目标的差值确定对现状受破坏的水体进行污染物消减的力度，其控制策略仍然是先确定水量，再在水量基础上确定污染消减量，其技术关键是实现了流域节点的量质耦合一体化模拟。

首先，通过建立湖泊生态需水量模型、湖泊环境需水量模型，结合系统动力学法计算了博斯腾湖的水资源量承载力。其次，结合二维水流水质模型模拟了湖泊中的污染物质生化需氧量（biochemical oxygen demand，BOD）、总氮（total nitrogen，TN）、矿化度等浓度分布，通过各点浓度分布经过聚合得到整个湖泊不同水位、不同来水频率下的水环境容量、富营养化水平、矿化度水平，并利用多目标规划模型计算水环境容量约束下的社会经济发展水平，得到湖泊的水质承载力。最后，将水资源量承载力和水质承载力结合得到湖泊的水环境承载力。

⑤ 优化配置及最大承载力的研究。由于水资源承载力、水环境承载力等均具有一定程度的可改善性，学者们针对提高水资源（环境）承载力的策略进行了深入的研究。水资源（环境）承载力的提高与水资源优化配置及产业结构调整等有密切的关系。把提高水资源承载力的主要策略归纳为3点。首先，经济及产业结构不变，增加对水资源开发利用、节水、污水处理的投入，即"硬办法"，属于外延式发展方式。其次，改变经济及产业结构，但投入不变，即"软办法"，属于内涵式发展方式。最后，既改变经济及产业结构，又增加投入，即"软硬兼施的办法"，把提高水环境承载力的途径归纳为两点：减污与增水。减污包括了清洁生产、节水和污水处理。

王顺久等深入分析了我国水资源优化配置理论，认为传统的水资源配置存在对环境保护重视不够的问题，强调节水而忽视高效利用、重视缺水地区的水资源优化配置而忽视水资源充足地区的用水效率提高、突出水资源的分配效率而忽视行业内部用水合理性等，影响了区域经济的发展和水资源的可持续利用。

系统动力学方法具有一定程度的寻优能力，对于复杂系统，一般是采用"试凑法"来进行寻优。王其藩等从系统动力学观点分析了社会经济系统的政策作用机制与优化问题及其算法，将系统动力学寻优及其算法进行了理论分析，包括参数优化、结构优化、边界优化三种类型，提出可以利用与遗传算法的结合，实现对社会经济系统的优化。但目前在水资源（环境）承载力研究中，只有少数研究实现了对复杂水资源（环境）系统的参数优化。

谢新民等根据水资源"三次平衡"的配置思想，对东辽河流域水资源承载力进行了研究，认为基于"一次平衡"配置下的东辽河流域水资源承载力是立足于现状开发利用模式下水资源对未来经济社会和生态环境的最大支撑规模；基于"二次平衡"配置下的水资源承载力是在"一次平衡"配置的基础上，充分考虑节水、治污和挖潜条件下当地水资源对未来经济社会的最大支撑规模；基于"三次平衡"配置的东辽河流域水资源承载力是在"二次平衡"配置的基础上，考虑新建调水工程条件下水资源对未来经济社会的最大支撑规模。

裴元生等提出了基于广义水资源合理配置的总控结构，将配置的水源扩展到土壤水，配置对象除包括社会经济用水外还强调了区域生态用水，总控架构包括评价层、预测层、控制层、模拟层、响应层和结果层共6个层次，但对水资源的优化配置仍是以特定的社会经济预测结果为基础的调整。周祖昊等在分析国内外水资源规划的发展历程的基础上，基于广义水资源消耗量（ET）耗水控制理念探讨了区域水资源水环境综合规划的理论、内涵及其规划理念。认为只有在基于统一的水环境功能区划以及基于水循环和污染迁移转化基础上，动态联合水量和水质，实现时段内的紧密耦合的动态模拟的层次下，才属于真正的水资源和水环境综合规划的范畴。强调了针对现代水循环结构中具有的自然、社会、经济、生态和环境五维属性之间的矛盾与竞争关系，分析了其调控机制、规划原则以及规划目标，力图实现区域总耗水量的控制，提高水资源的利用效率和效益，同时满足各用水部门和生态环境功能区划的水量水质要求。

严登华等建立了基于水资源合理配置的河流"双总量"控制研究的技术框架，并以唐山市为例，进行了案例研究。其中，河流最小控制流量是以不同规划水平年的河流生态修复目标为基础，遵循河道各系统耦合作用机制，对重要控制断面所做出的最小控制流量。河道最大纳污控制量则是在以最小控制流量作为约束，经多方案比选后，得到推荐方案情景下河流控制断面过水系列后，选用其95%保证率下的过水量，结合不同断面的水质目标值，选取控制性污染指标，而求算出的最大纳污量。该方法的实质是先以最小生态流量作为约束，对社会经济用水等进行优化后，再以该情境下的95%保证率下的枯水流量作为最大纳污量的计算依据，计算最大纳污控制量，从而较合理地解决了由于水量水质耦合作用引起的优化配置和污染物控制管理权限不清的问题。

王宏等分析了水环境承载力与总量控制的关系，认为水环境承载力是污染物总量分配和总量控制的基础。总量控制是总量分配的目的，总量控制是通过控制某一区域污染源允许排放总量，并优化分配到各污染源，以实现水环境目标的环境规划管理措施。其本质是要寻求某一区域在环境质量目标与技术经济条件之间的最佳结合点。

苏琼等基于系统动力学模型和水模型建立了描述深圳河流域社会、经济、水资源和水环境系统的耦合模型，定量分析了三产比例调整、工业结构内部调整及产业技术提升对流域供需水平衡和水质改善的影响。结果表明，三产比例调整对流域水资源平衡有一定改善作用，但对流域水质变化不敏感，工业调整中劳动密集型产业的比例减少或技术提升、第三产业技术提升对流域的水资源平衡和水质改善作用明显。根据各措施的敏感性，设计了可以满足流域供需水平衡与水质要求的综合调整方案。

从系统动力学观点看，造成传统水资源配置这种缺陷的根源在于把社会经济预测和水资源配置与调整的关系视为单向的关系，不能构建水资源配置与社会经济结构的精细特征的反向反馈机制，造成反馈机制的缺失。在产业结构优化调整方面，实际上是与用水结构的优化紧密相连的，二者存在双向优化的关系。

鲍超、方创琳建立了内陆河流域用水结构与产业结构双向优化仿真模型。该模型把水资源总量作为"总阀门"，并以产业结构调整为切入点，通过产业结构调整来优化生产用水结构，进而优化"生活、生产和生态"用水结构，通过"生活、生产和生态"用水结构的优化来确保用水总量不超过水资源承载力，以此反复循环，最终实现流域用水结构与产业结构的双向优化。

王福林等基于区域产业结构发展趋势及其演变规律，以保障区域生活用水需求与生态环境用水需求为前提，在区域水资源可供给总量与产业发展用水需求量的约束条件下，建立基于水资源优化配置的区域产业结构动态演化模型，调整与优化区域产业结构布局，促进区域水资源的可持续开发利用。通过区域水资源供需平衡以及产业结构的双向优化，保障产业综合效益最大化，并提出采用遗传算法对模型进行求解，结合实证分析，进一步验证模型的有效性。

（5）遥感与地理信息系统技术

遥感技术（remote sensing，RS）因具有宏观、综合、动态和快速的特点已成为数据信息采集的重要手段。遥感技术在人类活动对土地覆盖、土地利用的研究已经达到很精细的程度。地理信息系统技术（geographic information system，GIS）是一种以空间数据库为核心，采用空间分析方法和空间建模方法，适时提供多种空间和动态的资源与环境信息的计算机技术系统。全球定位系统（global positioning system，GPS）是一种以人造地球卫星为基础的高精度无线电导航的定位系统，在全球任何地方以及近地空间都能够提供准确的地理位置、车行速度及精确的时间信息。

RS-GIS-GPS 系统技术信息反馈关系如图 1-14 所示。RS-GIS-GPS 技术结合有利于将区域环境开发、人类活动对区域生态承载力的影响等问题进行全面剖析。

流域复合生态环境系统是通过水流、物流、信息流沟通起的异质空间单元所组成的综合体，流域内上下游、左右岸关系的形成也是这种异质空间单元排列组合所引起的。基于差分方程的系统动力学模型可以在时间尺度上有效地模拟系统的动态行为，但对空间异质性的处理能力是系统动力学相对薄弱的，主要表现在这种信息

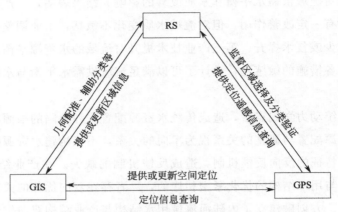

图 1-14　RS-GIS-GPS 系统技术信息反馈关系

反馈系统模型不能考虑许多空间因素，不能处理大量的空间数据，也不能描述和模拟系统的空间要素及其状态，模拟结果可视化程度低，而 GIS 的应用及发展弥补了系统动力学这一缺陷。

在国外，用栅格式系统动力学单元来描述局地动态，通过栅格间物质和信息的水平流动相连接，可构成系统总体的演变动态。通过这种栅格式的系统动力学模型组成的景观模型可以模拟多尺度动态与政策决策和外部作用力函数之间的全面关系。RS-GIS-GPS 系统在水生态环境承载力评估监测研究中应用前景如图 1-15 所示。

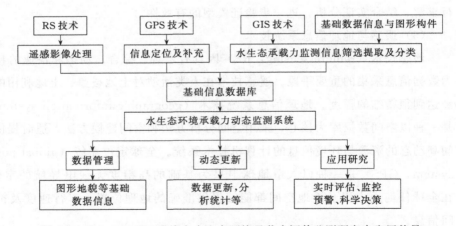

图 1-15　RS-GIS-GPS 系统在水生态环境承载力评估监测研究中应用前景

张波等将一维河流水质系统动力学模型用于水质模拟，建立了系统动力学和 GIS 关联的概念框架，并基于组件式 GIS 和系统动力学（system dynamics，SD）模型开发了水污染事故水质模拟实验系统，以 2005 年 11 月发生的松花江水污染事故为例，对特征污染物硝基苯浓度的时空变化进行了动态仿真模拟。

张彬等利用遥感影像数据提取秭归县土地利用情况，采用主成分分析法构建秭归县生态环境质量综合评价模型，研究区域生态环境质量变化的时空特征。裴相斌等结合系统动力学法和地理信息系统技术，以 GIS-SD 框架为依据建立大连湾水环境承载力模型，通过对模型进行时间和空间参数的调控，动态演示不同发展模式下对区域水体环境质量的影响效果。Ahmad 等将 GIS 与 SD 耦合提出了空间系统动力学方法，用来模拟基于反馈的动态过程的时空变化，用来解决环境管理、水资源管理、自然资源管理、气候变化、灾害管理中空间和时间相互作用过程，并以加拿大红河流域的洪水管理体系作为案例对模型进行验证。

（6）评估方法研究现状总结

根据现有水生态环境承载力相关评估研究方法的梳理，目前技术成熟且应用较为广泛的评估方法有：综合指标体系评价法、资源供需平衡法、多目标规划法、系统动力学法和遥感与地理信息系统分析。每种方法使用情况与评估研究需求各不相同，评估方法比较见表 1-1。根据评估在研究中起到的作用效果选取符合流域特征且可行性高的方法进行评估研究。

表 1-1　水生态环境承载力相关评估方法比较

评价方法		特点
综合指标体系评价法	向量模法	直观、简便，选用单项和多项指标利用数理统计的方法找出系统中的主要因素和因素间的相互关系，将系统中的多个指标转化为较少的几个综合指标。适合在建立指标评价体系时应用
	层次分析法	
	主成分分析法	
	灰色关联法	
	模糊评价法	
资源供需平衡法	生态足迹法	方法具备明显的生态学特征，侧重于对生态现状的评估，未将社会经济对生态系统的作用效果纳入评估体系中，缺乏水生态环境承载力的内涵
	净第一性生产力估测法	
多目标规划法		该法将研究区域作为一个整体系统，利用数学规划方法，分析系统在追求整体目标最大情况下的状态和各要素的分布。方法、模型的构造与解的有效性以及资源-环境-生态的内涵联系的刻画上存在一定的困难。比较适合处理社会经济生态资源系统多目标群决策问题
系统动力学法		通过因果反馈图和系统流图，建立系统动力学模型，模拟不同发展战略实现对系统发展趋势模拟和预测。描述系统内在关系的方程，即系统动力学模型的建立，受建模者对系统行为动态水平认识的影响较大。适用于宏观的长期动态趋势研究
遥感与地理信息系统分析		数据获取精准度高，可动态监测数据进行评估，需与其他方法配合使用对模型进行完善和修订

从表 1-1 可以看出，在水生态环境承载力相关评估方法研究上尚未实现完整统一的评估体系和评价方法，各类方法都存在利弊，因此研究人员通常采用两种或两种以上评估方法耦合的方式对评估单元承载力进行研究。

从水生态环境承载力概念和内涵研究得出，水生态环境承载力概念特别适合于社会经济复杂系统以及资源-环境-生态等可持续发展领域的研究。在水资源承载力、水环境承载力和水生态承载力评估研究时，存在以下问题。

① 生态环境要素体现不明。近年来由于生态破坏问题的出现，许多学者从系统的整合性出发，提出了生态环境承载力的概念，可以说是对资源与环境承载力概念的扩展与完善。水生态环境承载力研究尚处于起步阶段，只有个别的研究涉及与水有关的生态环境承载力，完整的理论体系还没有形成，建立完整统一的水生态环境承载力评估方法，需要借鉴多学科技术领域评估技术，开发构建出适合评估全流域的评估模型，降低评估过程的主观意识对结果的影响。

② 系统反馈机制不明显。明确各个组成系统和影响因素之间对流域的反馈作用机制，构建与系统特征相符的水生态环境承载力评估方法，从各个系统之间的反馈作用机制入手，深入研究子系统对承载力影响的数学特征，是完整构建水生态环境承载力评估体系的关键步骤。

③ 评估结果指导意义不明显。水生态环境承载力的研究应以现有流域水环境生态现状为依据，评估结果将指导区域资源优化配置和产业结构调整。承载力的评估研究对产业结构、总量控制等的指导作用尚不明显，主要存在两大原因。第一，对社会经济系统及人文地理过程的研究薄弱，以前的量化方法大都基于已经确定的经济发展方案和传统的经济增长核算方法，常常没有考虑特殊区域经济系统随时间的变化特异性，研究结果的指导意义很有限。第二，已有研究成果多数是孤立地对研究区域进行研究，没有考虑上下游关系、经济活动中虚拟水的调入与调出等因素对研究区的影响，势必会影响研究成果的精度。

对区域分异和空间配置研究的薄弱，也导致对社会实践的指导意义不足，有必要加强水土资源与社会经济活动的空间配置状况对承载力的影响研究，将水土资源空间配置，上、中、下游的城市与产业合理布局，水源保护区区域范围内的人口、产业布局等涵盖进来。将评估结果应用于对区域的生态环境规划，结合当地的可持续发展战略，制定适宜的承载力提升方案，是保证流域水资源、水环境和水生态健康发展，修复受污染水域的必要措施和意义所在。

④ 完善监测技术实现动态预警和风险防控。对水生态环境承载力监测技术的强化研究是完善承载力评估体系的关键环节。优化监测方案、突破传统的数据获取与分析手段、利用地理信息系统进行数值计算和模拟、精准反馈出不同评估流域的生态环境承载力的时空变化情况，依据水环境承载力的大小和动态变化，确定水资源开发利用、污染排放和社会经济发展的最优规模和最优发展策略，为及时采取承载力强化措施，缓解地区资源环境压力实现可持续发展提供技术保障，最大限度地发挥水环境承载力对区域发展的指导作用。水生态环境承载力研究层级如图 1-16 所示。

流域水环境问题的本质是环境压力超出水环境承载力，而导致流域水环境承载

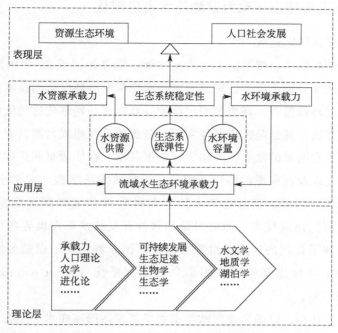

图 1-16　水生态环境承载力研究层级

力不足的深层次问题是发展方式和经济结构及布局。合理的解决路径是依据流域"人山水林田湖"整体系统发展的原则，贯彻流域统筹发展和综合调控，建立基于流域水环境承载力的空间优化技术，基于问题导向和目标导向科学确定和实施适宜性措施，构建多目标、多手段、立体型、复合型的流域水环境承载力监测与评估体系，是解决我国流域水资源短缺、水环境污染、水生态退化的迫切需求和实现社会经济与环境保护的协调发展的有力保障。

1.3　流域水生态环境承载力监测技术发展现状

我国环境监测系统现已初步建成了覆盖全国的国家环境监测网。到"十一五"末，我国环境监测范围基本覆盖了我国十大流域和主要出入境河流，可以基本说明全国地表水环境质量状况和出入境河流水质状况。但是选择的水质评价指标仍然以物理和化学指标为主，多为各种化学污染物质，生物指标相对较少。在"十一五"研究成果基础上，"十二五"的研究内容在监测指标、监测技术和评价方法上有了较大的突破与拓展，从单一的化学指标监测转向综合的水生态系统监测，实现从单一的化学指标监测向流域水生态完整性监测与评价的转变。

1.3.1 国内外水生态环境承载力监测技术发展现状

（1）国外研究进展

随着信息技术、网络技术的飞速发展，世界各国近 20 年来均把先进的自动控制技术、化学分析手段和计算机测控技术作为发展环境监测技术的重要手段，用于替代传统的环境监测。环境监测仪器的计算机化、网络化比传统的主要基于单台仪器的间断方法，甚至是人工取样实验室分析的非在线式监测具有先天的优势。传统的检测技术有明显的缺点，无法实现数据共享、在线测量和远程控制，对环境质量的突然恶化以及污染源污染物的突发超标排放无法掌握，常常引起重大污染事故和经济纠纷。因此，信息化的水环境在线监测系统得到迅速发展，采用网络技术、工业测控总线技术、面向对象的软件开发技术等在世界各国的环境在线监测方面都得到了良好的应用。世界上的很多国家都建立了以监测水污染综合指标以及某些特定项目为基础的水污染自动监测系统（water pollution monitoring system，WPMS）。

美国、日本、德国以及西欧等主要经济发达国家在水环境在线监测技术研究和应用方面一直走在前面，自 20 世纪 70 年代起相继建立了各种类型的环境在线监测（控）系统。1975 年美国建立了国家水质监测网，进行了污水、地下水和地表水的自动监测。1978 年美国宇航局（National Aeronautics and Space Administration，NASA）发射的 Nimbus-7 卫星上装载了世界上第一台海岸水色扫描仪（the coastal zone color scanner，CZCS）专门设计用于海面叶绿素定量遥感；美国密歇根州 R. G. Lathrop 等利用 Landsat-5 卫星专题制图仪（thematic mapper，TM）数据评价了格林湾和中央湖水质的情况；S. Ekstrand 利用 TM 资料和实测数据建立了估算海水叶绿素浓度的回归模型。此外，多瑙河沿岸的各个国家（德国、匈牙利、斯洛文尼亚、奥地利、罗马尼亚、捷克、斯洛伐克、克罗埃西亚、保加利亚）共同实施了基于卫星通信系统的水污染监测项目（the danube accident emergency warning system，AEWS）。20 世纪 70 年代末，日本展开了针对大气和水质污染源监控监测技术研究，开发出了大气和水质的在线监测系统。

20 世纪 80 年代，西方国家对于水环境监控治理的重点由水质保护拓展到了水环境生态系统的恢复，出现了两种重要的可用于水环境健康状况监测的生物监测方法，即生物完整性指数（index bioticintegrity，IBI）和河流无脊椎动物预测和分类系统（river invertebrate prediction and classification system，RIVPACS）。美国在 1980 年以后进入流域综合管理阶段，在水化学指标的基础上引进生物体系，强调生态用水需求得到保护，不仅考虑化学指标，更重要的是考虑生态指标、栖息地质量与生物多样性和整体性。20 世纪 90 年代，许多国家先后开展了河流健康监测和评价计划。日本自 20 世纪 90 年代初开始实施了创造多自然型河川计划，旨在了解河流系统的栖息生物种类和分布。澳大利亚和南非分别在 1992 年和 1994 年开展了国家河流健康计划。澳大利亚的河流健康计划主要是监测和评价澳大利亚河流的生态状况。

（2）国内研究进展

近 20 年来，面对水环境保护的严峻形势，我国的环境监测也相继经历了被动监测、主动监测和自动（在线）监测三个阶段。我国在 20 世纪 80 年代初通过引进和消化吸收，首先在黄浦江、天津引滦入津河段以及吉林化工、宝钢等大型排污企业的排水系统建立了水质自动监测系统。我国开始对遥感监测技术进行深入研究，于 1987 年和 1989 年分别发射了两颗配置有海洋水色通道高分辨率扫面辐射计的 FY-1A 和 FY-1B 卫星，并获取了较高质量的海区叶绿素分布图。1999 年起，国家环境保护部在淮河、长江、黄河、松花江和太湖流域开始建设水质自动监测站，监测的数据通过卫星通信直接传输到国家环境保护部中心控制室，并实现全国的联网。2000—2003 年，相继批准黑龙江、福建、浙江、山东、安徽等省开展生态省建设工作。以此为契机，各省相应开展了污染源在线监控与预警系统的建设。首先，在我国的广东、江苏、福建、上海和浙江等经济比较发达省市的大型工业企业、污水处理厂建立了污染源在线监测系统，主要是用于废水的在线监测，涉及石油、化工、城市污水处理、造纸和化纤等行业，监测项目主要为化学需氧量（central office district，COD）、酸碱度（potential of hydrogen，pH）和流量，个别企业增加了石油类、氨氮、总磷、固体悬浮物（suspend solid，SS）等特征污染物的监测。

2004 年 9 月，我国为了提高环境管理的质量，开始构建全国性的环境监控网，形成了国家层面的权威数据库，拉开了污染源自动监控工作的序幕。为了对日益增加的污染源自动监控设施进行规范化管理。2005 年 7 月，《污染源自动监控管理办法》（总局令第 28 号）明确了对重点污染源自动监控设施进行监管的主管部门及相应的职责。2007 年 6 月，《国务院关于印发节能减排综合性工作方案的通知》（国发〔2007〕15 号）要求在全国范围建立和完善污染物数据网上直报系统和减排措施的调度制度，要求对国控重点污染源实施联网在线自动监控，构建污染物排放三级立体监测体系。

"十三五"期间，我国已建成由 2767 个国控地表水水质监测断面组成的国家地表水质量监测网络，其中国家地表水考核断面（以下简称国考断面）1940 个，入海控制断面 195 个，趋势科研断面 717 个，跨界断面 956 个。已建设 1881 个国家地表水水质自动监测站，并全面联网运行。生物监测技术也逐渐应用于地表水环境监测领域当中，生物监测方法的准确性与监测分析效率要更高。巢楚越等采用微型生物群落监测法、指示生物法等研究了生物监测技术在水环境监测中的应用。丁华等以浑河沈阳段为研究区域，对浑河内水质参数氨氮含量、化学需氧量建立适合浑河水质的反演模型，并通过反演结果对浑河沈阳段水体进行水质评价和变化趋势分析。

目前我国已建成了由 63 个生态状况地面监测站，以及环境一号 A/B/C 卫星和高分五号卫星组网组成的卫星遥感和地面监测相结合、全国与典型区域相结合的国家水生态环境监测网络。我国的水生态环境监测网络逐步完善。

1.3.2 我国流域水生态环境承载力监测技术存在问题

随着生态文明体制改革的不断深化，党和国家机构改革带来了生态环境保护职能扩展、生态环境治理领域进一步扩大的新局面，生态环境治理的复杂性、艰巨性更加凸显，对统一生态环境监测与评估职能、扩大监测要素领域和范围、创新监测体制机制提出迫切需求。随着国家 5G 网络、数据中心等新型基础设施建设的加快推进，生态环境监管将逐渐走向科学化、精细化、高效化和智慧化，这就对以云计算、大数据、物联网、移动互联网和人工智能等为代表的新一代信息技术，以及环境遥感、生物传感器、走航巡测等先进监测技术在生态环境监测业务领域的多元融合应用提出了更加迫切的需求。

1.4 流域主控因子筛选技术方法发展现状

美国环境保护局（Environmental Protection Agency，EPA）最早使用"优先污染物"这个术语。环境优先污染物指从众多有毒有害的化学污染物中筛选出的在环境中出现概率高、对人体健康和生态平衡危害大，并具有潜在环境威胁的污染物。这些毒性强、难降解、残留时间长、分布广、危害性大的水中污染物就被称为优先污染物（priority pollutants），也叫优先控制污染物。

1.4.1 国内外优控污染物筛选技术发展现状

美国是世界上最早进行污染物监测的国家，早在 20 世纪 70 年代中期，美国就开始开展优先污染物监测项目，并相继公布了各种优先控制名单。例如 1977 年颁布的《清洁水法》（Clean Water Act，CWA）明确规定了 129 种环境优先污染物。欧洲经济共同体在 1975 年提出优先污染物的"黑名单"和"灰名单"。从 20 世纪 90 年代开始，大量研究对化学品的评分排序系统进行了综述，比如 Waters 等描述了 17 种排序评分系统；Davis 等详细评价了 53 种常用的化学品筛查和排序方法。澳大利亚考虑了污染物对人体的健康效应、环境效应和暴露值三个因子，并给其赋分计算污染物的得分，通过半客观、半定量的方法对水环境中的优先控制污染物进行了筛选。

我国在筛选环境优先污染物方面的工作开展的较晚，但是进展很快。起初，我国对水中优先控制污染物筛选的方法是在污染物大量监测数据和排放量调查的基础上，考虑污染物自身的毒性和排放量，并结合专家评价意见，仅用了一年的时间，得到水中优先控制污染物名单，筛选出 68 种优先控制污染物，其中有机毒物 56 种。在此基础上，近年来各地方也陆续开展了环境优先污染物的筛选工作，制定了具有地方特色的优先污染物黑名单，为环境保护工作提供了依据。例如：浙江省第一批环境优先污染物黑名单（43 种）、北京市优先控制的有毒化学品名单（33 种）和天津市水体中最优先有机污染物（10 类 24 种）。

水环境中优先控制污染物的筛选方法和涉及的参数选择不尽相同。1994 年，张祥伟等运用主成分分析方法（半定量分析法/因子分析）对河流水质污染组分进行识别，找出多个水质组分中最能反映水质总体的几个主要水质组分，减少监测河流水质污染状况的工作量，大大提高工作效率。2013 年李丽等采用潜在危害指数法与综合评分法对 56 种污染物进行优先排序，结果表明潜在危害指数法虽然计算简便，但是该种方法采用的因子较少，导致多个指标存在相同的分值，综合评分法工作量大，计算方法复杂，存在一定的局限性。刘臣辉等用改进的潜在危害指数法对环境健康危害最大的污染物进行了筛选排序，但是这种方法对指标参数的分级赋分较困难，而且存在一定主观性。2019 年吴向阳等选择毒性、迁移性和降解性作为综合评分法的三个评价指标对石油场地地下水中污染物进行评分排序，从中筛选出危害性更大的污染物。2020 年林秀珠等采用主成分分析法对 COD、氨氮、铜等 15 项水质指标进行分析，评价闽江口及其近岸的水域水质。在筛选方法方面，目前筛选比较局限于潜在危害法和综合评分法，筛选方向更倾向于有机物的毒性大小，更适合于突发性水质监测情况。

1.4.2　主控因子筛选技术方法存在问题

对于优先控制污染物的筛查技术，我国已经有比较完善的技术体系，但是对于主控因子的筛选方法目前还没有深入的研究。此外，以往研究对于污染物的类型没有明确划分，导致对典型控制单元河流断面的水生态环境监控没有针对性，因此，确定典型单元的主要污染物，提高监测效率仍是目前环境保护工作者的研究重点和热点。

根据以往研究成果，可以看到针对地表水环境中优先控制污染物筛选方法主要包括主成分分析法、潜在危害指数法、综合评分法等。潜在危害指数法是一种通过简单的方程式运算，定量表示化学品对环境的潜在毒性值的方法，但是这种推导方式以很多假设为前提，并且未考虑除毒性效应之外的一些相关因素，所以筛选出的只是初步名单，不能作为最终的结果。综合评判法具有简单、易行、直观的特点，但是在这种方法中，参数的分级、评分是比较困难的，不同的赋分范围和计算权重的确定往往带有较多的人为成分和主观意识。对比发现，主成分分析法对于主控因子筛选具有更成熟、更准确的优点。若运用主成分分析法，那么每个原始变量在主成分中都占有一定的分量，这些分量（载荷）之间的大小分布没有清晰的分界线，就会造成无法明确表述哪个主成分代表哪些原始变量，即提取出来的主成分无法清晰地解释其代表的含义。而因子分析在提取公因子时，不仅注意变量之间是否相关，而且考虑相关关系的强弱，使得提取出来的公因子不仅起到降维的作用，而且能够被很好地解释。因此，本研究采用因子分析法，结合相关性分析以及重要性水平计算，对辽河流域典型单元主控因子进行筛选。

1.5 辽河流域水生态环境现状

辽河流域是我国七大流域之一，干流全长 1345km，流经河北、内蒙古、吉林和辽宁 4 个省。在实现国家工业化的过程中，辽河流域的水环境生态质量同样遭到严重的破坏，被列为国家"三江三河"治理的重点流域。国家水体污染控制与治理科技重大专项（以下简称"水专项"）将辽河流域列为重点示范流域，针对流域水体生态环境现状和周边污染源排放进行一系列的相关研究调查。纵观辽河流域水生态环境的治理历程总体可分为三个阶段：即"九五"和"十五"期间的"控源减排"阶段，"十一五"和"十二五"期间的"修复"阶段，"十三五"期间的"调控"阶段。

在"控源减排"阶段，流域污染控制由浓度控制进入总量控制阶段，以遏制水质恶化趋势，保证工业污染源达标排放。在"修复"阶段，重点实施工业点源治理工程、污水处理厂建设工程、综合整治工程和配套建设示范工程。目的在于实现点源、面源污染控制技术的突破，同时建立服务于总量减排、生态保护、风险预警的监测网络，形成动态智能的辽河流域水环境安全监控与监测体系，通过水污染治理措施的实施，带动城市布局结构调整和产业结构调整，共同服务于辽河水污染环境的修复。在"调控"阶段，将流域水环境治理与管理技术集成，建立辽河流域水环境综合管理调控平台，支撑辽河流域"水十条"目标实现，实现辽河流域水专项技术成果和规范化与业务化运行，为实时监测、实时预警、实时防控奠定了坚实的技术基础。

"十一五"以来，由于辽河流域水专项的开展和多项技术成果的成功实现，辽河流域水环境总体呈现稳中向好态势，充分彰显了辽河流域水专项紧密结合流域治理的科技需求、开展创新集成的战略思路的必要性。通过"十一五""十二五""十三五"期间的努力，实现了辽河流域重点污染行业治理、流域水生态功能分区、水环境风险评估及监控预警等多项技术，真正实现了"一保两提三减排"的治理目标，取得的科技成果有力支撑了辽河流域水污染治理和水质改善目标的实现。

从水环境角度出发，根据 1999—2019 年中国生态环境状况公报统计结果，在"十一五""十二五"和"十三五"辽河流域水环境治理修复期间，辽河流域水环境质量情况如图 1-17 所示。

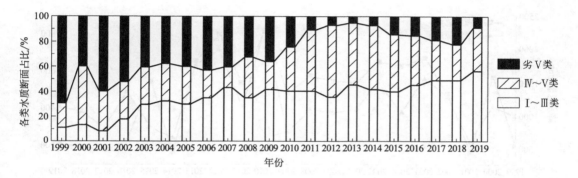

图 1-17　1999—2019 年辽河流域水环境质量情况

由图 1-17 可知，1999 年劣 V 类水质断面所占比例最大，经过不断的整治修复，到 2019 年年末，在辽河流域所覆盖的共 103 个监测断面中，Ⅰ～Ⅲ类水质所占比例最大，辽河流域水环境质量整体呈上升趋势。在 2019 年，辽河流域 19 个干流监测断面中，V 类和劣 V 类水质分别占比 21.4% 和 7.1%，相比 2018 年共降低14.3%，流域整体表现为轻度污染，主要污染指标为化学需氧量、高锰酸盐指数和五日生化需氧量。

有研究人员调查发现，绕阳河沿岸存在大面积的耕地，干流附近也有大规模的养殖场，在污水处理设施相对较为落后的情况下，严重的农业面源污染和畜禽养殖污染为流域水环境带来源源不断的压力。而细河作为辽河流域黑臭水体重点整治对象，因经开区重污染企业较多，早期基础设施建设不完善，尾水收集处理难度大，多年累积下来的重金属等污染物沉积在底泥中，恶化水质的同时也极大程度地破坏了水生生物多样性。沈阳市政府针对辽河流域黑臭水体已开展清淤、截污、污染源整治等相关治理措施，在满堂河、白塔堡河等地已取得显著成效，在总结成功的治理经验的同时，未来治理规划也将坚定不移地贯彻"一河一策"的治理措施。细河作为目前辽河流域黑臭水体整治对象，COD、氨氮、总氮和总磷入河量最大的河流，计划将从"全面截污、内源治理"的角度出发，积极开展黑臭水体的治理修复工作。与此同时，沈阳市政府为贯彻落实"水十条"及"河长制"工作部署和相关要求，加强河流综合治理，在细河等重点流域开展生态建设等相关工作，为改善受污染流域生态环境的治理和修复提供了有力保障。虽然近年来辽河流域水环境质量得到了明显改善，但是还有很大的提升和改善空间。

从水资源角度出发，截至 2019 年年末，辽河流域水资源总量 $407.6 \times 10^8 \, \mathrm{m}^3$，其中地表水资源量 $305.7 \times 10^8 \, \mathrm{m}^3$，地下水资源量 $195.1 \times 10^8 \, \mathrm{m}^3$，人均综合用水量 $337 \, \mathrm{m}^3$，低于全国平均水平。本研究收集并整理 1999—2019 年中国水资源公报中辽河流域水资源相关数据，水资源情况变化统计如图 1-18 所示。

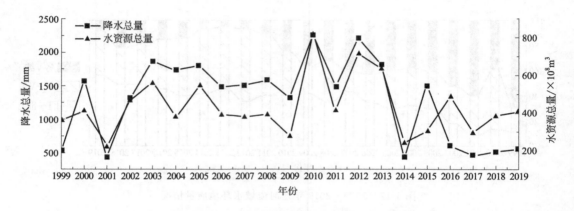

图 1-18　1999—2019 年辽河流域水资源情况变化统计

由图 1-18 可知，辽河流域水资源总量变化趋势与降水总量变化趋势大致相同。2009—2014 年，由于降水总量变化浮动较大，辽河流域水资源总量的变化幅度也较为明显。自 2014 年"十二五"水专项开展辽河流域水质水量优化调配技术以来，在水资源合理优化调控方案的实施下，辽河流域水资源总量受降水量变化影响逐渐减小，流域水资源总量变化趋势逐渐趋于平稳状态，这表明合理的水资源利用分配格局是改善流域水质的必要手段。

为更加直观地反映辽河流域水资源优化调控措施对辽河流域水资源使用情况的影响，整理并收集 1999—2019 年中国水资源公报中辽河流域水资源使用情况的相关数据，水资源利用情况统计如图 1-19 所示。

由图 1-19 可知，在 2014 年之前"控源"和"修复"的背景下，辽河流域用水总量存在波动，分析原因一方面是区域总降水量和水资源总量的影响；另一方面是为严格控制污染企业的污染源排放，要求流域污染源排放企业进行整改，同时对区域产业结构进行调整，用水总量变化总体呈下降趋势。随着"控源"目标的实现，为了在发展流域经济的同时，逐步实现水生态环境的修复任务，辽河流域水环境治理目标也相应做出调整。在辽河流域水质水量优化调配技术的实施下，自 2014 年

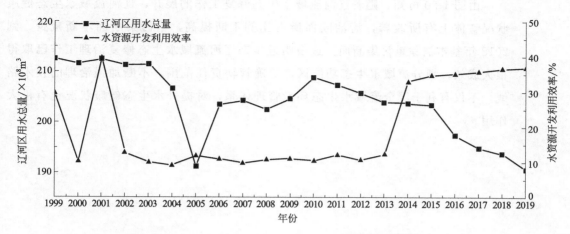

图 1-19 1999—2019 年辽河流域水资源利用情况统计

起，辽河流域用水总量逐年下降，水资源开发利用效率明显提升。

从水生态角度出发，"十一五""十二五"期间针对辽河流域水生态现状，相继开展了辽河流域水生态功能分区、辽河水生态监测示范区工程等多项研究。水生态功能分区研究将辽河流域划分为一级、二级、三级生态功能区，并针对不同级别的保护区提出对应的生态保护目标和管理制度。水生态功能区的研究不仅支持了"一条生命线，一张湿地网，两处景观带，二十个示范区"的辽河保护区治理保护战略，同时有力推动了辽河流域生态保护区治理工作的实施，是健全辽河流域区域管理制度的重要手段。研究同时以辽河流域底栖动物、藻类等为评估指标，对辽河流域水生态健康指数进行评估研究，汇总"十一五""十二五"期间水专项及相关研究中对辽河流域进行的水生态健康评估结果，2008—2018 年辽河流域水生态健康情况统计如图 1-20 所示。

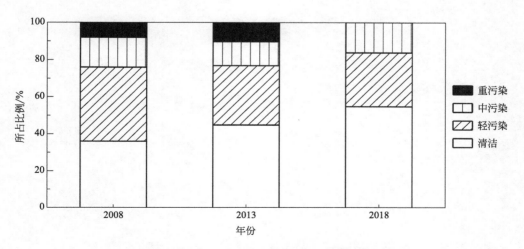

图 1-20 2008—2018 年辽河流域水生态健康情况统计

　　由图 1-20 可知，随着辽河流域水生态修复工作的展开，辽河流域水生态健康状况整体上有所改善，清洁断面所占比例不断提高，重污染断面不断减少。到2018 年基本消除重污染断面。这表明近年来辽河流域水生态修复治理工作已取得很大成效，划分流域水生态功能区，明确管辖责任范围，不断加强治理的技术路线，不仅有利于健全流域水生态环境管理体系，对提升水生态健康状况也有极大作用。

第2章
流域控制单元功能特征类型划分技术研究

辽河流域一直是国家流域控制重点区域，"九五"以来，政府、企业投入了大量的人力、物力和财力用于辽河污染的治理，取得了初步成效。为解决辽河流域水环境承载力这一日益突出的问题，首先要进行水环境承载力评估，掌握辽河流域水环境承载力状况也是应对辽河流域环境问题挑战的现实诉求。"水十条"提出建立环境资源承载力监测评估制度，提升生态环境质量，实现经济社会与自然和谐发展的任务要求，到2020年组织完成市、县域水资源、水环境承载力现状评价。

因此，构建多目标、多手段、立体型、复合型的流域水环境承载力监测与评估体系成为解决辽河流域水资源短缺、水环境污染、水生态退化的迫切需求。

在科技需求和可持续发展战略的支撑环境下，"十一五""十二五"针对辽河流域水环境管理和评估技术建立了全面科学的评估方法体系和量化考核标准，辽河流域示范控制单元水环境管理技术实施对环境管理能力提高、水生态环境质量提高、污染减排贡献、区域经济与产业结构优化具有促进效果。水生态环境承载力的研究在水环境管理技术体系中起到承上启下的衔接作用，对水量分配、生态修复、产业结构优化升级等战略措施的安排落实有着指导意义。从构建多目标、多手段、立体型、复合型的流域水环境承载力监测与评估体系出发，对评估控制单元进行功能类型划分，针对不同功能类型的控制单元选取不同功能的指标体系进行评估，优化指标的监测环节，提升指标监测和承载力评估效率，对功能性差异单元实现承载力特征分析和横向对比，为落实水环境管理措施，建立具有功能差异性的水生态环境承载力的科技需求奠定基础。

2.1 典型控制单元特征功能类型划分方法

在评估研究中，为了更加全面、系统地分析问题，人们往往将众多影响因素纳入评估体系中进行考量，从而增加了评估的复杂程度和评估过程的工作量。考虑到评估指标在不同程度上反映了研究对象的某些信息，各项指标之间有一定的相关性，因此指标数据反映的信息存在重叠情况。主成分分析法可以使我们在进行定量分析研究中保留尽可能多的数据信息的前提下，去掉对评估结果影响较小的指标，从而在降低评估过程复杂性的同时不影响最终评估结果的准确性。

本研究从流域控制单元所在地区的地理环境、工业生产等区位因素入手，结合控制单元流域水资源污染特征，建立以区位因素为主导，多元统计分析法和主成分分析法为基础的控制单元功能类型划分方法，结合区位因素的类别特征和污水来源种类，将流域控制单元划为城市型、工业型和农业型三类，从城市统计年鉴分别筛选出符合城市型、工业型和农业型的区位因素，经相关性分析后保留相关度较高的指标，组成流域控制单元功能类型划分指标体系，通过多元统计分析法实现对控制单元功能类型划分。流域典型控制单元功能类型划分技术路线如图2-1所示。

图 2-1　流域典型控制单元功能类型划分技术路线

2.2 典型控制单元特征功能类型划分计算方法

从流域典型控制单元的功能类型出发，在《中国城市统计年鉴》（以 2018 年为例）中筛选出具有城市型、工业型和农业型功能特征的区位因素，作为划分不同控制单元的特征指标。特征指标在选取时应遵循以下原则。

（1）普遍性

不同城市以及下属地级市统计年鉴中的统计项目各不相同，因此所选择的特征指标应在统计文献中普遍存在，或可通过简单的计算获得，以保证数据结果的真实可靠性。

（2）时效性

每次划分时所选取的特征指标对应数据应保持时间统一，当控制单元划分界限变化时，功能类型也可能随之改变，因此不同年度的统计数据只能作为划分特定时期的控制单元功能类型的依据。

（3）权威性

指标数据应来自地区政府官网或官方发布的统计年鉴或报告文件，保证数据的权威性是提高功能类型划分结果准确性和流域水生态环境承载力评估结果准确性的前提。

基于上述原则，在《中国县域统计年鉴 2019》中选取符合城市型、工业型和农业型特征的区位因素作为多元统计分析法的备选评估指标，不同功能类型控制单元区位因素统计如表 2-1 所示。

表 2-1　不同功能类型控制单元区位因素统计

控制单元编号	控制单元类型	区位因素编号	区位因素
A	城市型控制单元	1	区域城镇化率
		2	区域国民生产总值占比
		3	区域第三产业产值占比
		4	社会消费品零售总额贡献率
		5	区域公共图书馆图书总藏量贡献率
		6	医疗卫生机构技术人员数贡献率
		7	居民消费水平占比
		8	交通运输支出贡献率
B	工业型控制单元	1	工业企业数贡献率
		2	规模以上工业企业从业人员年平均人数贡献率
		3	工业产值贡献率
		4	工业 SO_2 排放量贡献率
		5	第二产业产值贡献率
		6	工业固体废物综合利用量贡献率
		7	规模以上工业增加值增速
		8	工业产品产量（发电量）

续表

控制单元编号	控制单元类型	区位因素编号	区位因素
C	农业型控制单元	1	第一产业产值占比
		2	农作物播种总面积贡献率
		3	单位区域面积粮食产量
		4	粮食产量贡献率
		5	农药使用量（折纯量）占比
		6	肉猪出栏数贡献率
		7	肉类总产量贡献率
		8	水产品合计产量贡献率
		9	农林牧渔业总产值指数

表 2-1 中区位因素指标的含义及计算方法说明如下。

① A_1 区域城镇化率（％）。反映评价区域的城市化水平，具体计算为：

$$区域城镇化率 = \frac{评价区域城镇人口}{所在地区户籍总人口} \times 100\%$$

② A_2 区域国民生产总值占比（％）。衡量评价区域生产力和经济水平，具体计算为：

$$区域国民生产总值占比 = \frac{评价区域国民生产总值}{所在地区年度国民生产总值} \times 100\%$$

③ A_3 区域第三产业产值占比（％）。衡量评价区域的经济产业结构特征，是区别评价区域是否为城市型控制单元的重要指标之一，具体计算为：

$$区域第三产业产值占比 = \frac{评价区域第三产业产值}{所在地区年度生产总值} \times 100\%$$

④ A_4 社会消费品零售总额贡献率（％）。反映评价区域人员对所在地区整体的消费能力和消费水平，具体计算为：

$$社会消费品零售总额贡献率 = \frac{评价区域社会消费品零售总额}{所在地区整体社会消费品零售总额} \times 100\%$$

⑤ A_5 区域公共图书馆图书总藏量贡献率（％）。反映评价区域的社会服务水平，具体计算为：

$$区域公共图书馆图书总藏量贡献率 = \frac{评价区域公共图书馆图书总藏量}{所在地区公共图书馆图书总藏量} \times 100\%$$

⑥ A_6 医疗卫生机构技术人员数贡献率（％）。反映评价区域的医疗卫生水平，具体计算为：

$$医疗卫生机构技术人员数贡献率 = \frac{评价区域医疗卫生机构技术人员数}{所在地区医疗卫生机构技术人员总数} \times 100\%$$

⑦ A_7 居民消费水平占比（%）。反映评价区域居民的消费能力与全省之间的差异情况，具体计算为：

$$居民消费水平占比 = \frac{评价区域居民消费水平}{省级居民消费总水平} \times 100\%$$

⑧ A_8 交通运输支出贡献率（%）。反映评价区域交通运输建设和城市发展水平的指标，具体计算为：

$$交通运输支出贡献率 = \frac{评价区域交通运输支出}{所在地区交通运输总支出} \times 100\%$$

⑨ B_1 工业企业数贡献率（%）。反映评价区域工业企业建设的发达程度，具体计算为：

$$工业企业数贡献率 = \frac{评价区域工业企业数}{所在地区工业企业总数} \times 100\%$$

⑩ B_2 规模以上工业企业从业人员年平均人数贡献率。反映评价区域人员的从业结构和工业企业规模，具体计算为：

$$工业企业从业人员年平均人数贡献率 = \frac{评价区域工业企业从业人员年平均人数}{所在地区工业企业从业人员年平均总人数} \times 100\%$$

⑪ B_3 工业产值贡献率。反映评价区域经济发展规模和生产能力，具体计算为：

$$工业产值贡献率 = \frac{评价区域年工业产值}{所在地区年工业总产值} \times 100\%$$

⑫ B_4 工业 SO_2 排放量贡献率。从污染的角度反映评价区域的工业生产水平，具体计算为：

$$工业 SO_2 排放量贡献率 = \frac{评价区域工业 SO_2 排放量}{所在地区工业 SO_2 排放总量} \times 100\%$$

⑬ B_5 第二产业产值贡献率（%）。用于衡量该区域的工业发展水平，具体计算为：

$$区域第二产值占比 = \frac{评价区域第二产业生产总值}{所在地区年度第二产业生产总值} \times 100\%$$

⑭ B_6 工业固体废物综合利用量贡献率。指通过回收、加工、循环、交换等方式，从固体废物中提取或者使其转化为可以利用的资源、能源和其他原材料的固体废物量，同样为衡量评价区域的工业生产能力和发展水平的重要指标，具体计算为：

$$工业固体废物综合利用量贡献率 = \frac{评价区域工业固体废物综合利用量}{所在地区工业固体废物综合利用总量} \times 100\%$$

⑮ B_7 规模以上工业增加值增速（%）。表示一定时期全国或某一地区工业生产增减变动的相对数，反映固定时期内地区工业发展水平，可通过年鉴检索获得。

⑯ B_8 工业产品产量（发电量）贡献率（%）。以发电量表征地区工业生产力水平的主要指标之一，具体计算为：

$$工业产品产量（发电量）贡献率 = \frac{评价区域工业产品（发电量）产量}{所在地区工业产品（发电量）总量} \times 100\%$$

⑰ C_1 第一产业产值占比。用于衡量评价区域的经济产业结构特征，是区别该评价区域为农业型控制单元的重要指标之一，具体计算为：

$$第一产业产值占比 = \frac{评估区域第一产业生产总值}{所在地区年度生产总值} \times 100\%$$

⑱ C_2 农作物播种面积贡献率（%）。农作物播种面积占行政土地面积的比例，反映评价区域农业型用地水平，具体计算为：

$$农作物播种面积贡献率 = \frac{农作物播种面积}{行政土地面积} \times 100\%$$

⑲ C_3 单位区域面积粮食产量。反映评价区域的粮食等农作物的生产和土地使用情况，具体计算为：

$$单位区域面积粮食产量 = \frac{评价区域年度粮食总产量}{所在区域行政土地总面积} \times 100\%$$

⑳ C_4 粮食产量贡献率。反映评价区域的粮食等农作物的在所在地区的生产水平，具体计算为：

$$粮食产量贡献率 = \frac{评价区域年度粮食总产量}{所在地区年度粮食总产量} \times 100\%$$

㉑ C_5 农药使用量（折纯量）占比。反映评价区域的农作物生产水平，具体计算为：

$$农药使用量（折纯量）占比 = \frac{评价区域农药使用量（折纯量）}{所在地区农药使用总量（折纯量）} \times 100\%$$

㉒ C_6 肉猪出栏数贡献率（%）。表征评价区域牲畜养殖能力和畜牧业、肉类等农业生产水平的重要指标，具体计算为：

$$肉猪出栏数献率 = \frac{评价区域肉猪出栏总数}{所在地区肉猪出存栏总数} \times 100\%$$

㉓ C_7 肉类总产量贡献率（%）。表征评价区域肉类生产水平的指标，为农业型重要指标，具体计算为：

$$肉类总产量贡献率 = \frac{评价区域肉类总产量}{所在地区肉类总产量} \times 100\%$$

㉔ C_8 水产品合计产量贡献率。表征评价区域水产品养殖业生产水平，具体计算为：

$$水产品合计产量贡献率 = \frac{评价区域水产品合计产量}{所在地区水产品合计总产量} \times 100\%$$

㉕ C_9 农林牧渔业总产值指数。反映一定时期内农业生产总规模和总成果，可通过年鉴检索获得。

根据功能类型单元划分指标计算方法，分别在每一单元选取规定时限的样本数据，对各个功能类型单元的区位因素采用主成分分析法进行指标优化，保留相关度较高的指标作为划分控制单元功能类型的特征指标。

按照优化后的功能类型指标体系进行评估数据的收集整理，对评估数据按照式（2-1）～式（2-5）进行标准化和归一化处理，以消除评估指标单位对结果的影响。

$$a_{ij} = \frac{x_{ij} - \min x_{ij}}{\max x_{ij} - \min x_{ij}} + \varepsilon \tag{2-1}$$

式中　i——控制单元功能类型，即 i＝A，B，C；

　　　j——特征因子编号，j＝1，2…；

　　　a_{ij}——原始数据标准化后的数值；

　　　ε——变换幅度，使标准化后的指标数据不为 0，研究取 ε＝1；

　　　x_{ij}——第 i 种特征单元第 j 种特征因子的值。

对标准化后的数据进行归一化处理，如式（2-2）所示。

$$P_{ij} = \frac{a_{ij}}{\sum_{i=1}^{n} a_{ij}} \tag{2-2}$$

式中　P_{ij}——原始数据归一化后的数值；

　　　n——研究样本数。

对统一处理后用于评估的指标数据采用熵权法进行权重计算，具体如式（2-3）所示。

$$\omega_j = \frac{1 - e_j}{m - \sum_{j=1}^{m} e_j} \tag{2-3}$$

$$e_j = -\frac{\sum_{i=1}^{n} P_{ij} \ln P_{ij}}{\ln n}$$

式中　ω_j——评估指标数据的权重；

　　　e_j——评估指标数据的熵值；

　　　m——评估指标数。

针对同一控制单元分别对城市型、工业型和农业型功能特征按照式（2-4）进行评估计算每个方案的综合评分 M_i。

$$M_i = \sum_{j=1}^{n} P_{ij} \omega_j \tag{2-4}$$

控制单元功能类型表示为所在城市型功能分数 M_a、工业型功能分数 M_b 和农业型功能分数 M_c 的最大值类型，如式（2-5）所示。

$$控制单元功能类型＝MAX(M_a,M_b,M_c) \tag{2-5}$$

上述方法目的在于将待评估的流域地区控制单元按照功能类型进行分类，为后续实现多目标的流域水生态环境承载力评估、建立具有功能差异性的水生态环境承载力监测体系打下基础。研究方法将主成分分析法和多元统计分析法相结合，以地区区位因素为功能导向，评估指标和数据均来自官方统计结果，在确保划分结果权威性和准确性的同时提高了工作效率。

2.3 典型控制单元特征功能类型划分结果

根据辽宁省生态环境保护科技中心编制规划的"十四五"辽河流域控制单元与控制断面分布及划分结果，针对辽河水系所覆盖的流域控制单元采用 2.2 节中所述特征功能类型划分方法进行单元类型划分。

辽河干流及支流为辽河流域中重要组成部分，辽河干流及其支流区域位于辽宁省中西部，东经 $121°16'\sim125°11'$，北纬 $40°56'\sim43°29'$，流域总面积约为 $3.65\times10^4 km^2$，干流长 516km，跨铁岭市、沈阳市、抚顺市、鞍山市、阜新市、锦州市和盘锦市 7 个市 21 个县，在盘锦市的盘山县流入辽东湾。以招苏台河、清河、寇河、柴河、汎河和绕阳河为主要支流流入辽河干流，构成辽河干流水系，简称辽河水系。

辽河流域内一级河流为辽河，总长度为 1070.94km；二级河流 64 条，总长度为 2021.67km。流域内还有 1300 多条三级以上河流，总长度为 8658.97km。流域内河流梯度大部分高于 0.02km，属于高坡降河流。在流域的中部及东南部河流，由于位于辽河平原地区，梯度降低，大多在 0.01km 以下，属于中低坡降的河流。河流的蜿蜒度较小，大部分河流的蜿蜒度在 1.6 以下，只在东北部和西南部零星分布一些蜿蜒度较高的河流，如中固河、凡河等。该流域的小流域内的河网密度大部分大于 $0.4m/m^2$，在绕阳河和公河附近河网密度较小，小于 $0.2m/m^2$。流域途径城市地区工业种类齐全，以冶金、石油、煤炭、电力、化工、机械、电子、毛纺、棉纺、印染、造纸、建材、制革、食品、酿造等为主，也是我国重要的原材料工业和装备制造业基地。

"十一五""十二五"期间，研究人员以辽河流域水环境生态的研究调查现状为依据，划分地区控制单元，针对水生态调查结果，建立一级、二级等生态功能分区，加强落实地区资源环境和生态修复力度。"十四五"期间，辽宁省生态环境保护科技中心结合流域生态分区和"水十条"辽河流域控制单元划分结果，整合水环境管理政策落实期间的责任管辖现状，对原有控制单元进行了更加清晰和严谨的划分，辽河干流及其支流部分所覆盖区域划分共 21 个控制单元，其中干流分布控制单元 9 个，支流 12 个，控制单元目标水质为Ⅲ类总计 6 个，以此作为"十三五"研究期间水生态环境承载力监测调查和评估对象。辽河干流及支流控制单元与监测断面基本信息如表 2-2 所示。

表 2-2　辽河干流及支流控制单元与监测断面基本信息

控制单元编号	控制单元名称	地市	区县	水体	监控断面	水质现状	水质目标
L-1	辽河沈阳市三合屯控制单元	沈阳市	康平县、法库县	辽河	三合屯	IV	IV
L-2	辽河铁岭市控制单元	铁岭市	银州区、铁岭县、昌图县、调兵山市、开原市	辽河	朱尔山	IV	IV
		沈阳市	法库县				
L-3	辽河沈阳市马虎山控制单元	沈阳市	法库县、新民市	辽河	马虎山	V	IV
		铁岭市	铁岭县				
L-4	辽河沈阳市巨流河大桥控制单元	阜新市	彰武县	辽河	巨流河大桥	V	IV
		沈阳市	康平县、法库县、新民市				
L-5	辽河沈阳市红庙子控制单元	沈阳市	辽中县、新民市	辽河	红庙子	V	IV
L-6	辽河鞍山市控制单元	鞍山市	台安县	辽河	盘锦兴安	IV	IV
		盘锦市	盘山县				
		沈阳市	辽中县				
L-7	辽河盘锦市曙光大桥控制单元	盘锦市	双台子区、兴隆台区、盘山县	辽河	曙光大桥	IV	IV
L-8	辽河盘锦市赵圈河控制单元	盘锦市	兴隆台区、大洼区	辽河	赵圈河	IV	IV
L-9	拉马河沈阳市控制单元	沈阳市	法库县	拉马河	拉马桥	IV	IV
L-10	柳河沈阳市-阜新市控制单元	阜新市	彰武县	柳河	柳河桥	IV	IV
		沈阳市	新民市				
L-11	庞家河锦州市控制单元	锦州市	黑山县、北镇市	庞家河	柳家桥	IV	IV

续表

控制单元编号	控制单元名称	地市	区县	水体	监控断面	水质现状	水质目标
L-12	绕阳河盘锦市控制单元	鞍山市	台安县	绕阳河	胜利塘	IV	IV
		阜新市	彰武县、阜新蒙古自治县				
		锦州市	黑山县、凌海市、北镇市				
		盘锦市	兴隆台区、盘山区				
		沈阳市	新民市				
L-13	招苏台河铁岭市控制单元	铁岭市	昌图县	招苏台河	通江口	V	V
L-14	亮子河铁岭市控制单元	铁岭市	昌图县	亮子河	亮子河入河口	劣V	V
L-15	清河铁岭市清辽控制单元	铁岭市	昌图县	清河	清辽	III	III
L-16	寇河铁岭市控制单元	铁岭市	西丰县	寇河	松树水文站	IV	III
L-17	清河铁岭市清河水库入库口控制单元	抚顺市	清原满族自治县	清河	清河入库口	III	III
		铁岭市	开原市、西丰县				
L-18	柴河铁岭市东大桥控制单元	铁岭市	银州区	柴河	东大桥	III	III
L-19	柴河铁岭市柴河水库入库口控制单元	铁岭市	开原市	柴河	柴河水库入库口	III	III
		抚顺市	清原满族自治县				
L-20	凡河铁岭市控制单元	铁岭市	开原市、银州区、铁岭县	凡河	凡河一号桥	IV	III
L-21	沙子河锦州市控制单元	锦州市	北镇市	沙子河	沟帮子镇	IV	IV

由表 2-2 可知，辽河水系控制单元总计 21 个，根据《辽河流域综合治理与生态修复总体方案》统计，截至 2018 年末，辽河水系 21 个控制断面水质类别如表 2-2 所示，整体表现为Ⅳ类水质，其中Ⅱ和Ⅲ类水质断面 4 个，占比 19.04%，Ⅴ和劣Ⅴ类水质断面总计 5 个，占比 23.81%。

本研究根据表 2-2 所示控制单元覆盖行政区划，依据单元类型划分技术方法，以及表 2-1 所示的不同功能类型控制单元的区位因素备选指标，构建辽宁省流域控制单元特征功能类型划分指标体系。

按表 2-1 中指标，分别对城市型、农业型和工业型特征指标进行主成分筛选。使用 SPSS 22.0 首先对不同特征类型控制单元指标进行 KMO（Kaiser-Meyer-Olkin）检验和巴特利特（Bartlett）检验，城市型控制单元指标检验结果如表 2-3 所示。工业型和农业型控制单元指标检验结果如表 2-4 所示。

表 2-3　城市型控制单元指标 KMO 检验和 Bartlett 检验结果

Kaiser-Meyer-Olkin 检验取样适当性	0.581
Bartlett 的球形检验-近似卡方	79.828
自由度（df）	21
显著性水平（Sig.）	0.000

表 2-4　工业型和农业型控制单元 KMO 检验和 Bartlett 检验结果

工业型控制单元指标检验结果		农业型控制单元指标检验结果	
Kaiser-Meyer-Olkin 检验取样适当性	0.781	Kaiser-Meyer-Olkin 检验取样适当性	0.804
Bartlett 的球形检验-近似卡方	82.828	Bartlett 的球形检验-近似卡方	76.219
自由度（df）	21	自由度（df）	17
显著性水平（Sig.）	0.000	显著性水平（Sig.）	0.000

由表 2-3 可知，城市型控制单元 8 个指标的 KMO 值为 0.581，大于 0.5，证明每组指标之间存在相关性。巴特利特（Bartlett）球形度检验结果 P 值 0.000<0.001，也反映出指标之间存在相关性。综合两种检验结果，说明各组指标变量之间存在相关性，可对控制单元备选指标进行主成分分析，城市型、工业型和农业型控制单元方差分析结果分别如表 2-5~表 2-7 所示。

表 2-5　城市型控制单元主成分特征值及方差贡献率

主成分因子	特征值	方差贡献率/%	累积方差贡献率/%
1	5.118	63.975	63.975
2	2.158	26.977	90.952

主成分因子	特征值	方差贡献率/%	累积方差贡献率/%
3	0.531	6.642	97.594
4	0.088	1.101	98.696
5	0.076	0.944	99.640
6	0.016	0.205	99.845
7	0.010	0.120	99.964
8	0.003	0.036	100.000

表 2-6   工业型控制单元主成分特征值及方差贡献率

主成分因子	特征值	方差贡献率/%	累积方差贡献率/%
1	6.229	69.210	69.210
2	1.479	16.430	85.650
3	0.927	10.300	95.950
4	0.210	2.330	98.280
5	0.116	1.280	99.560
6	0.021	0.240	99.800
7	0.018	0.200	100.000
8	0.000	0.000	100.000

表 2-7   农业型控制单元主成分特征值及方差贡献率

主成分因子	特征值	方差贡献率/%	累积方差贡献率/%
1	4.275	47.500	47.500
2	2.194	24.370	71.870
3	1.317	14.640	86.510
4	0.861	9.560	96.070
5	0.317	3.520	99.590
6	0.027	0.300	99.890
7	0.007	0.070	99.960
8	0.004	0.040	100.000
9	0.000	0.000	100.000

　　由表 2-5 可知城市型备选指标主成分因子大于 2 时，累计方差贡献率大于 80%，且主成分特征值小于 1。因此本研究提取 2 个主成分因子，采用最大方差法得到主成分载荷矩阵，城市型控制单元主成分载荷矩阵如表 2-8 所示，工业型和农业型控制单元主成分载荷矩阵如表 2-9 所示。

表 2-8　城市型控制单元备选指标主成分载荷矩阵

备选指标编号	主成分因子	
	1	2
区域城镇化率	0.917	0.503
区域第三产业产值占比	0.846	0.748
社会消费品零售总额	0.041	0.631
国民生产总值	0.191	0.788
区域公共图书馆图书总藏量	0.143	0.213
医疗卫生机构技术人员数	0.481	−0.069
居民消费水平	0.378	0.011
交通运输支出	−0.108	0.001

表 2-9　工业型和农业型控制单元备选指标主成分载荷矩阵

工业型控制单元			农业型控制单元		
备选指标	主成分因子		备选指标	主成分因子	
	1	2		1	2
工业企业数	0.388	−0.132	第一产业产值占比	1.766	−1.056
规模以上工业企业职工人数	0.391	0.117	农作物播种总面积	−0.765	−0.811
工业产值	0.423	0.449	单位区域面积粮食产量	0.184	0.343
工业 SO_2 排放量	0.360	0.190	粮食总产量	0.781	−0.187
第二产业产值占 GDP 比重	0.396	0.082	农药使用量(折纯量)	0.799	−0.453
工业固体废物综合利用量	−0.068	0.166	肉猪出栏数	1.484	−0.165
规模以上工业增加值增速	0.185	0.544	肉类总产量	0.596	−0.304
工业产品产量(发电量)	−0.380	0.185	水产品总产量	−0.404	0.313
			农林牧渔业总产值指数	−0.540	0.207

　　由表 2-8、表 2-9 可知，与第一主成分相关度较高的指标有区域城镇化率和区

域第三产业产值占比，与第二主成分相关度较高的指标有区域第三产业产值占比和国民生产总值，且变量指标在两个主成分上载荷大于0.6。因此城市型控制单元提取主成分指标为区域城镇化率、第三产业产值占比和国民生产总值。同理工业型控制单元提取主成分指标为第二产业产值占GDP比重，工业产值和规模以上工业增加值增速，农业型控制单元的主成分指标为农药使用量（折纯量）、单位区域面积粮食产量和第一产业产值占比。

由此构建出符合辽宁省经济发展与产业特征的控制单元功能类型划分指标体系，并通过式(2-3)计算不同特征类型控制单元评估指标权重，最终得出控制单元特征功能类型划分体系如表2-10所示，相关数据如表2-11和表2-12所示。

表 2-10　辽宁省流域特征功能类型划分体系

控制单元类型	特征指标	权重	权重总计
城市型控制单元	区域城镇化率	0.4150	1
	国民生产总值	0.2578	
	区域第三产业产值占比	0.3272	
工业型控制单元	工业产值	0.3585	1
	第二产业产值占GDP比重	0.3835	
	规模以上工业增加值增速	0.2580	
农业型控制单元	第一产业产值占比	0.5307	1
	单位区域面积粮食产量	0.2517	
	农药使用量(折纯量)	0.2176	

表 2-11　辽宁省流域特征功能类型划分评估指标体系数据

控制单元类型	城市型控制单元			工业型控制单元			农业型控制单元		
年份	区域城镇化率/%	国民生产总值/亿元	区域第三产业产值占比/%	工业产值/亿元	第二产业产值占GDP比重/%	规模以上工业增加值增速/%	第一产业产值占比/%	单位区域面积粮食产量/(kg/hm²)	农药使用量(折纯量)/×10⁴t
2010	64.05	22301.50	36.80	36219.40	54.10	17.80	8.2	371	140.1
2011	66.65	24846.40	38.10	41776.70	54.90	14.90	7.9	429	144.6
2012	66.45	27213.20	40.60	49031.54	53.50	−5.02	7.8	432	146.9
2013	67.05	28626.60	41.80	52892.01	51.60	9.60	7.2	460	151.8

续表

控制单元类型	城市型控制单元			工业型控制单元			农业型控制单元		
年份	区域城镇化率/%	国民生产总值/亿元	区域第三产业产值占比/%	工业产值/亿元	第二产业产值占GDP比重/%	规模以上工业增加值增速/%	第一产业产值占比/%	单位区域面积粮食产量/(kg/hm²)	农药使用量（折纯量）/×10⁴t
2014	67.35	28743.40	46.20	50090.56	50.20	4.80	7.0	359	151.6
2015	67.37	21896.20	52.30	33498.57	46.60	−4.80	7.2	404	152.1
2016	67.49	23409.20	51.60	21318.50	38.70	−15.20	8.4	439	148.1
2017	68.10	25315.40	52.40	22948.80	39.30	4.40	8.1	448	145.5
2018	68.15	24909.50	58.00	26066.80	39.60	9.80	8.0	6293	145.0

表 2-12　功能类型划分评估指标体系统计数据标准化结果

控制单元类型	城市型控制单元			工业型控制单元			农业型控制单元		
年份	区域城镇化率	国民生产总值	区域第三产业产值占比	工业产值	第二产业产值占GDP比重	规模以上工业增加值增速	第一产业产值占比	单位区域面积粮食产量	农药使用量（折纯量）
2010	−2.3632	−1.1675	−1.2854	−0.0724	0.9591	1.2964	0.8884	−0.3572	−1.7872
2011	−0.2534	−0.1602	−1.1117	0.3877	1.0773	1.0233	0.2887	−0.3275	−0.6598
2012	−0.4157	0.7765	−0.7778	0.9883	0.8704	−0.8522	0.0888	−0.3262	−0.0949
2013	0.0712	1.3359	−0.6175	1.3080	0.5896	0.5243	−1.1105	−0.3118	1.1147
2014	0.3147	1.3821	−0.0297	1.0760	0.3826	0.0724	−1.5103	−0.3634	1.0624
2015	0.3309	−1.3279	0.7852	−0.2976	−0.1494	−0.8315	−1.1105	−0.3401	1.1943
2016	0.4283	−0.7291	0.6917	−1.3060	−1.3171	−1.8106	1.2882	−0.3223	0.1914
2017	0.9233	0.0254	0.7986	−1.1711	−1.2284	0.0347	0.6885	−0.3178	−0.4532
2018	0.9638	−0.1353	1.5466	−0.9129	−1.1841	0.5432	0.4886	2.6663	−0.5677
权重	0.4150	0.2578	0.3272	0.3585	0.3835	0.2580	0.5307	0.2517	0.2176
权重总计	1.0000			1.0000			1.0000		

　　表 2-13 为辽河水系 21 个控制单元原始指标数据进行统计汇总和均值计算，得出不同控制单元进行功能类型划分的原始指标数据汇总结果。

　　对指标数据标准化处理以消除极差和量纲对结果的影响，结果见表 2-14。

　　根据归一化结果和表 2-12 中所得权重，对辽河水系 21 个控制单元的功能类型得分进行计算，按式(2-4) 和式(2-5) 确定控制单元类型，结果如表 2-15 所示。

表 2-13　辽河流域辽河水系控制单元原始指标数据汇总结果

控制单元编号	控制单元名称	地市	区县	城市型控制单元			工业型控制单元				农业型控制单元	
				区域城镇化率/%	国民生产总值/万元	区域第三产业产值占比/%	工业产值/万元	第二产业产值占GDP比重/%	规模以上工业增加值增速/%	第一产业产值占比/%	单位面积粮食产量/(t/hm²)	农药使用量/t
L-1	辽河沈阳市巨合屯控制单元	沈阳市	法库县	36.19	1997967.00	22.64	2045004.00	17.49	3.46	47.26	6.21	868.00
			康平县	31.05	1323643.00	25.09	837727.00	21.04	5.72	45.68	6.71	427.00
			均值	33.62	1660805.00	23.87	1441365.50	19.27	4.59	46.47	6.46	647.50
L-2	辽河铁岭市控制单元	铁岭市	开原市	34.15	1028697.00	26.14	557067.00	37.44	6.08	51.02	8.70	1021.00
			调兵山市	37.17	1381198.00	30.44	2117360.00	40.12	6.11	34.51	5.09	711.00
			昌图县	37.18	1298400.00	44.19	438836.00	14.61	35.11	55.47	10.25	30224.00
			铁岭县	24.74	986794.00	25.17	1466050.00	30.22	5.07	39.14	7.63	1679.00
			银州区	30.27	756799.00	25.12	169103.00	27.69	5.83	29.15	8.58	20.00
		沈阳市	法库县	36.19	1997967.00	22.64	2045004.00	17.49	3.46	47.26	6.21	868.00
			均值	33.28	1241642.50	28.95	1132236.67	27.93	10.28	42.76	7.74	5753.83
L-3	辽河沈阳市马虎山控制单元	沈阳市	新民市	34.40	2346660.00	37.17	1677352.00	37.94	4.28	47.58	6.91	988.00
			法库县	36.19	1997967.00	22.64	2045004.00	17.49	3.46	47.26	6.21	868.00
		铁岭市	铁岭县	24.74	986794.00	25.17	1466050.00	30.22	5.07	39.14	7.63	1679.00
			均值	31.78	1777140.33	28.33	1729468.67	28.55	4.27	44.66	6.92	1178.33
L-4	辽河沈阳市巨流河大桥控制单元	阜新市	彰武县	34.57	926468.00	30.64	294982.00	20.15	6.20	34.97	7.33	2220.00
		沈阳市	康平县	31.05	1323643.00	25.09	837727.00	21.04	5.72	45.68	6.71	427.00
			法库县	36.19	1997967.00	22.64	2045004.00	17.49	3.46	47.26	6.21	868.00
			新民市	34.40	2346660.00	37.17	1677352.00	37.94	4.28	47.58	6.91	988.00
			均值	34.05	1648684.50	28.89	1213766.25	24.16	4.92	43.87	6.79	1125.75

续表

控制单元编号	控制单元名称	地市	区县	城市型控制单元			工业型控制单元			农业型控制单元		
				区域城镇化率/%	国民生产总值/万元	区域第三产业产值占比/%	工业产值/万元	第二产业产值占GDP比重/%	规模以上工业增加值增速/%	第一产业产值占比/%	单位面积粮食产量/(t/hm²)	农药使用量/t
L-5	辽河沈阳市红庙子控制单元	沈阳市	辽中县	31.04	4077621.00	21.54	10061400.00	17.11	2.05	34.51	7.54	518.00
			新民市	34.40	2346660.00	37.17	1677352.00	37.94	4.28	47.58	6.91	988.00
			均值	32.72	3212140.50	29.36	5869376.00	27.53	3.17	41.05	7.23	753.00
L-6	辽河鞍山市控制单元	鞍山市	台安县	39.44	1297484.00	29.47	957046.00	31.08	7.14	40.29	7.09	760.00
		盘锦市	盘山县	21.84	1580795.00	17.94	2478922.00	25.33	3.14	45.21	8.98	452.00
		沈阳市	辽中县	31.04	4077621.00	21.54	10061400.00	17.11	2.05	34.51	7.54	518.00
			均值	30.77	2318633.33	22.98	4499122.67	24.51	4.11	40.00	7.87	576.67
L-7	辽河盘锦市曙光大桥控制单元	盘锦市	双台子区	27.48	1320288.00	36.95	442091.00	27.60	4.58	20.33	7.91	70.00
			兴隆台区	32.55	2970309.00	30.15	1735060.00	29.15	3.97	44.58	7.82	85.00
			大连区	46.11	2700239.00	17.25	5074924.00	16.98	22.19	44.18	9.04	451.00
			盘山县	21.84	1580795.00	17.94	2478922.00	25.33	3.14	45.21	8.98	452.00
			均值	32.00	2142907.75	25.57	2432749.25	24.77	8.47	38.58	8.44	264.50
L-8	辽河盘锦市赵圈河控制单元	盘锦市	兴隆台区	32.55	2970309.00	30.15	1735060.00	29.15	3.97	44.58	7.82	85.00
			大连区	46.11	2700239.00	17.25	5074924.00	16.98	22.19	44.18	9.04	451.00
			均值	39.33	2835274.00	23.70	3404992.00	23.07	13.08	44.38	8.43	268.00
L-9	拉马河沈阳市控制单元	沈阳市	法库县	36.19	1997967.00	22.64	2045004.00	17.49	3.46	47.26	6.21	868.00

续表

控制单元编号	控制单元名称	地市	区县	城市型控制单元			工业型控制单元			农业型控制单元		
				区域城镇化率/%	国民生产总值/万元	区域第三产业产值占比/%	工业产值/万元	第二产业产值占GDP比重/%	规模以上工业增加值增速/%	第一产业产值占比/%	单位面积粮食产量/(t/hm²)	农药使用量/t
L-10	柳河沈阳市阜新市控制单元	阜新市	彰武县	34.57	926468.00	30.64	294982.00	20.15	6.20	34.97	7.33	2220.00
		沈阳市	新民市	34.40	2346660.00	37.17	1677352.00	37.94	4.28	47.58	6.91	988.00
			均值	35.05	1757031.67	30.15	1339112.67	25.19	4.65	43.27	6.82	1358.67
L-11	庞家河锦州市控制单元	锦州市	黑山县	27.56	1193140.00	21.28	246785.00	24.15	6.17	37.15	7.64	1828.00
			北镇市	42.34	13640000.00	38.80	6489000.00	34.96	2.40	15.11	5.95	174000.00
			均值	34.95	7416570.00	30.04	3367892.50	29.56	4.29	26.13	6.80	87914.00
L-12	绕阳河盘锦市控制单元	鞍山市	台安县	39.44	1297484.00	29.47	957046.00	31.08	7.14	40.29	7.09	760.00
		阜新市	阜新蒙古族自治县	26.15	821013.00	49.34	251257.00	22.15	3.49	26.47	6.81	1740.00
			彰武县	34.57	926468.00	30.64	294982.00	20.15	6.20	34.97	7.33	2220.00
			北镇市	42.34	13640000.00	38.80	6489000.00	34.96	2.40	15.11	5.95	174000.00
		锦州市	凌海市	21.54	1426492.00	21.56	479282.00	24.15	3.17	41.20	6.62	2036.00
			黑山县	27.56	1193140.00	21.28	246785.00	24.15	6.17	37.15	7.64	1828.00
		盘锦市	兴隆台区	32.55	2970309.00	30.15	1735060.00	29.15	3.97	44.58	7.82	85.00
			盘山县	21.84	1580795.00	17.94	2478922.00	25.33	3.14	45.21	8.98	452.00
		沈阳市	新民市	34.40	2346660.00	37.17	1677352.00	37.94	4.28	47.58	6.91	988.00
			均值	31.15	2911373.44	30.71	1623298.44	27.67	4.44	36.95	7.24	20456.56
L-13	招苏台河铁岭市控制单元	铁岭市	昌图县	37.18	1298400.00	44.19	438836.00	14.61	35.11	55.47	10.25	30224.00
L-14	亮子河铁岭市控制单元	铁岭市	昌图县	37.18	1298400.00	44.19	438836.00	14.61	35.11	55.47	10.25	30224.00

续表

控制单元编号	控制单元名称	地市	区县	城市型控制单元			工业型控制单元			农业型控制单元		
				区域城镇化率/%	国民生产总值/万元	区域第三产业产值占比/%	工业产值/万元	第二产业产值占GDP比重/%	规模以上工业增加值增速/%	第一产业产值占比/%	单位面积粮食产量/(t/hm²)	农药使用量/t
L-15	清河铁岭市清辽控制单元	铁岭市	昌图县	37.18	1298400.00	44.19	438836.00	14.61	35.11	55.47	10.25	30224.00
			开原市	34.15	1028697.00	26.14	557067.00	37.44	6.08	51.02	8.70	1021.00
			均值	35.67	1163548.50	35.17	497951.50	26.03	20.60	53.25	9.48	15622.50
L-16	寇河铁岭市控制单元	铁岭市	西丰县	19.54	473015.00	29.51	160717.00	34.92	5.17	36.15	9.65	695.00
L-17	清河铁岭市清河水库入库口控制单元	抚顺市	清原满族自治县	24.61	1324751.00	39.74	275120.00	19.26	2.47	47.61	5.78	1045.00
		铁岭市	开原市	34.15	1028697.00	26.14	557067.00	37.44	6.08	51.02	8.70	1021.00
			西丰县	19.54	473015.00	29.51	160717.00	34.92	5.17	36.15	9.65	695.00
			均值	26.10	942154.33	31.80	330968.00	30.54	4.57	44.93	8.04	920.33
L-18	柴河铁岭市柴河大桥控制单元	铁岭市	银州区	30.27	756799.00	25.12	169103.00	27.69	5.83	29.15	8.58	20.00
L-19	柴河铁岭市柴河水库入库口控制单元	铁岭市	开原市	34.15	1028697.00	26.14	557067.00	37.44	6.08	51.02	8.70	1021.00
		抚顺市	清原满族自治县	24.61	1324751.00	39.74	557068.00	19.26	2.47	47.61	5.78	1045.00
			均值	29.38	1176724.00	32.94	557067.50	28.35	4.28	49.32	7.24	1033.00
L-20	凡河铁岭市控制单元	铁岭市	开原市	34.15	1028697.00	26.14	557067.00	37.44	6.08	51.02	8.70	1021.00
			银州区	30.27	756799.00	25.12	169103.00	27.69	5.83	29.15	8.58	20.00
			铁岭县	24.74	986794.00	25.17	1466050.00	30.22	5.07	39.14	7.63	1679.00
			均值	29.72	924096.67	25.48	730740.00	31.78	5.66	39.77	8.30	906.67
L-21	沙子河锦州市控制单元	锦州市	北镇市	42.34	13640000.00	38.80	6489000.00	34.96	2.40	15.11	5.95	174000.00

表2-14　辽河流域辽河水系控制单元统计数据标准化结果

控制单元编号	控制单元名称	城市型控制单元			工业型控制单元			农业型控制单元		
		区域城镇化率/%	国民生产总值/万元	区域第三产业产值占比/%	工业产值/万元	第二产业产值占GDP比重/%	规模以上工业增加值增速/%	第一产业产值占比/%	单位区域面积粮食产量/(t/hm²)	农药使用量/t
L-1	辽河沈阳市三合屯控制单元	0.6175	0.0902	0.0568	0.2024	0.2287	0.0670	0.7770	0.1186	0.0036
L-2	辽河铁岭市控制单元	0.6028	0.0584	0.2928	0.1535	0.6545	0.2408	0.6850	0.4171	0.0330
L-3	辽河沈阳市马虎山控制单元	0.5367	0.0990	0.2639	0.2479	0.6850	0.0572	0.7322	0.2248	0.0067
L-4	辽河沈阳市巨流河大桥控制单元	0.6365	0.0893	0.2898	0.1664	0.4690	0.0769	0.7126	0.1953	0.0064
L-5	辽河沈阳市红庙子控制单元	0.5781	0.2080	0.3116	0.9021	0.6346	0.0234	0.6426	0.2965	0.0042
L-6	辽河鞍山市控制单元	0.4927	0.1402	0.0159	0.6856	0.4863	0.0523	0.6168	0.4465	0.0032
L-7	辽河盘锦市曙光大桥控制单元	0.5463	0.1268	0.1361	0.3590	0.4990	0.1856	0.5814	0.5785	0.0014
L-8	辽河盘锦市赵圈河控制单元	0.8680	0.1794	0.0492	0.5127	0.4155	0.3265	0.7252	0.5767	0.0014
L-9	拉马河市控制单元	0.7303	0.1158	0.0000	0.2978	0.1415	0.0324	0.7966	0.0605	0.0049
L-10	柳河沈阳市-阜新市控制单元	0.6822	0.0975	0.3485	0.1862	0.5201	0.0687	0.6977	0.2016	0.0077
L-11	庞家河锦州市控制单元	0.6776	0.5273	0.3434	0.5068	0.7344	0.0576	0.2730	0.1965	0.5052
L-12	绕阳河锦州市控制单元	0.5112	0.1852	0.3743	0.2311	0.6419	0.0624	0.5412	0.2997	0.1175
L-13	招苏台河控制单元	0.7754	0.0627	1.0000	0.0439	0.0000	1.0000	1.0000	1.0000	0.1736
L-14	亮子河铁岭市控制单元	0.7754	0.0627	1.0000	0.0439	0.0000	1.0000	1.0000	1.0000	0.1736
L-15	清河铁岭市清辽控制单元	0.7090	0.0524	0.5812	0.0533	0.5609	0.5563	0.9449	0.8198	0.0897
L-16	寇河控制单元	0.0018	0.0000	0.3188	0.0000	0.9980	0.0847	0.5213	0.8605	0.0039
L-17	清河铁岭市清河水库入库口控制单元	0.2895	0.0356	0.4249	0.0269	0.7828	0.0664	0.7388	0.4868	0.0052
L-18	柴河铁岭市东大桥控制单元	0.4724	0.0216	0.1151	0.0013	0.6428	0.1049	0.3479	0.6116	0.0000
L-19	柴河铁岭市柴河水库入库口控制单元	0.4333	0.0534	0.4780	0.0626	0.6752	0.0573	0.8475	0.3000	0.0058
L-20	凡河铁岭市控制单元	0.4482	0.0343	0.1316	0.0901	0.8439	0.0997	0.6110	0.5473	0.0051
L-21	沙子河锦州市控制单元	1.0000	1.0000	0.7499	1.0000	1.0000	0.0000	0.0000	0.0000	1.0000

表 2-15　辽河流域辽河水系控制单元功能类型计算结果

控制单元编号	城市型功能分数 M_a	工业型功能分数 M_b	农业型功能分数 M_c	综合表现 MAX(M_a,M_b,M_c)
L-1	0.2981	0.1775	0.4430	农业型控制单元
L-2	0.3610	0.5682	0.4757	工业型控制单元
L-3	0.3346	0.3663	0.4466	农业型控制单元
L-4	0.3820	0.2594	0.4288	农业型控制单元
L-5	0.3955	0.5728	0.4166	工业型控制单元
L-6	0.2458	0.4458	0.4404	工业型控制单元
L-7	0.4539	0.3680	0.4545	城市型控制单元
L-8	0.4226	0.4274	0.5304	农业型控制单元
L-9	0.3329	0.1694	0.4390	农业型控制单元
L-10	0.4223	0.2839	0.4227	农业型控制单元
L-11	0.5295	0.4782	0.3043	城市型控制单元
L-12	0.3823	0.3451	0.3882	农业型控制单元
L-13	0.6652	0.2738	0.8202	农业型控制单元
L-14	0.6652	0.8738	0.8202	工业型控制单元
L-15	0.4979	0.3777	0.7273	农业型控制单元
L-16	0.1050	0.4046	0.4941	农业型控制单元
L-17	0.5683	0.3270	0.5157	城市型控制单元
L-18	0.2392	0.2740	0.3386	农业型控制单元
L-19	0.3500	0.2962	0.5265	农业型控制单元
L-20	0.5379	0.3816	0.4631	城市型控制单元
L-21	0.9189	0.7420	0.2176	城市型控制单元

辽河流域辽河水系控制单元功能类型分数分布如图 2-2 所示。

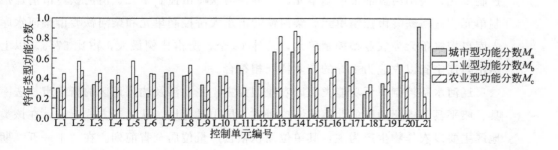

图 2-2　辽河流域辽河水系控制单元功能类型分数分布

由图 2-2 可知，沙子河锦州市控制单元在城市型功能分数最高，寇河铁岭市控制单元在城市型功能得分最低，分析是由于二者所处地理位置和产业结构存在较大差异所致。寇河铁岭市控制单元所包含主要区域为西丰县，地区以农副产品生产为主导，因此，该控制单元在农业功能方面得分较高。招苏台河铁岭市控制单元、亮子河铁岭市控制单元和清河铁岭市清辽控制单元在农业功能方面得分最高，原因是这三个控制单元所覆盖的地区均为铁岭昌图县，该地区第一产业产值和单位面积粮食产量均为辽宁省前列，因此在农业特征方面得分有领先优势。辽河盘锦市曙光大桥控制单元、辽河盘锦市赵圈河控制单元和绕阳河盘锦市控制单元产业发展比较均匀，因此三种类型功能得分相差并不明显。

辽河流域辽河水系控制单元功能类型数量分布如图 2-3 所示。

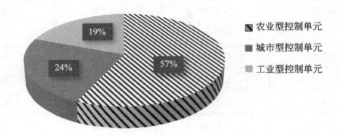

图 2-3　辽河流域辽河水系控制单元功能类型数量分布

由图 2-3 可知，在辽河水系 21 个控制单元中，工业型控制单元总计 4 个，占控制单元总数的 19％，它们分别是辽河铁岭市控制单元、辽河沈阳市红庙子控制单元、辽河鞍山市控制单元和亮子河铁岭市控制单元。辽河盘锦市曙光大桥控制单元、庞家河锦州市控制单元、清河铁岭市清河水库入库口控制单元、凡河铁岭市控制单元和沙子河锦州市控制单元为城市型控制单元，总计 5 个，占比 24％。辽河沈阳市三合屯控制单元、辽河沈阳市马虎山控制单元、辽河沈阳市巨流河大桥控制单元、辽河盘锦市赵圈河控制单元、拉马河沈阳市控制单元、柳河沈阳市-阜新市控制单元、绕阳河盘锦市控制单元、招苏台河铁岭市控制单元、清河铁岭市清辽控制单元、寇河铁岭市控制单元、柴河铁岭市东大桥控制单元和柴河铁岭市柴河水库入库口控制单元为农业型控制单元，总计 12 个，所占比例最大，占比 57％。以上结论与辽宁省以农业为主导的产业特征相符合。

辽河水系控制单元功能类型以农业型为主，主要涉及沈阳地区的新民市、法库县、康平县，锦州地区的北镇市、凌海市、黑山县等地，从生产方式上看，在该类地区主要以农作物生产为主，其单位面积粮食产量位居全省前列。在"十一五"期间，课题"辽河流域水污染控制总体方案研究"（2008ZX07208—001）报告中指出，在辽河上游控制单元污染源排放比例主要以畜禽养殖和农业面源为主，如图 2-4(a) 所示，与控制单元划分功能类型划分结果一致。

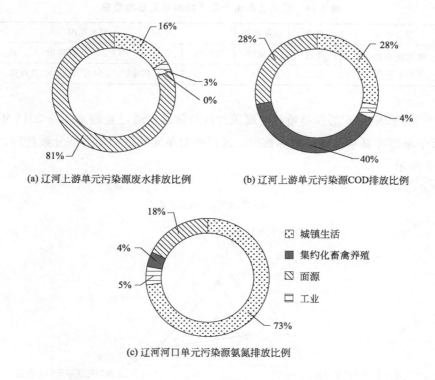

(a) 辽河上游单元污染源废水排放比例   (b) 辽河上游单元污染源COD排放比例

(c) 辽河河口单元污染源氨氮排放比例

图 2-4　辽河控制单元废水及污染源排放比例

　　"十一五"辽河流域指点污染企业调查分布研究表明,辽河流域冶金、矿工等工业企业在铁岭及鞍山地区的分布较为集中,控制单元以工业生产为产业导向,符合工业型控制单元的功能类型特征。

　　城市型控制单元集中在辽河流域河口地区,以盘锦市的双台子区、兴隆台区和大洼区为主,流域控制单元覆盖较多的市内地区,流域水体受纳城市排放的污染物,"十一五"课题"辽河流域水污染控制总体方案研究"(2008ZX07208—001)期间,在辽河河口地区进行污染物负荷调查研究中得出,辽河河口地区氨氮污染排放以城市点源为主导,如图 2-4(c) 所示,与本研究功能类型划分结果相符。

2.4　控制单元功能特征类型划分技术验证

2.4.1　浑河于家房控制单元功能特征类型划分技术验证

　　现以于家房控制单元为对象进行控制单元功能特征类型划分技术的验证,该控制单元基本信息如表 2-16 所示。

表 2-16 浑河沈阳市于家房控制单元基本信息

流域	控制单元	水体	监测断面	覆盖范围	
辽河流域	浑河沈阳市于家房控制单元	浑河	于家房	辽阳市	灯塔市
		细河	于台	沈阳市	浑南区、辽中县、苏家屯、铁西区、于洪区

基于表 2-16 的控制单元所覆盖的区域信息，通过整理 2010—2018 年浑河沈阳市于家房控制单元划分指标数据，进行控制单元特征功能类型分数计算，结果如图 2-5 所示。

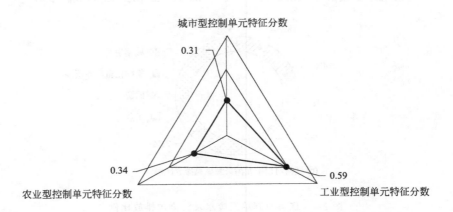

图 2-5 浑河沈阳市于家房控制单元特征功能类型分数计算结果

由图 2-5 可知，浑河沈阳市于家房控制单元工业型特征分数得分最高，城市型和农业型特征分数得分较低，但是二者分数相差并不悬殊，由此初步判定浑河沈阳市于家房控制单元为工业型控制单元。

从企业分布密度情况看，控制单元上游企业分布密度大于下游，控制单元整体分布企业主要以饮料制造、石化及制药为主，"十一五"期间《辽河流域太子河单元水污染突发事件水力应急调控预案调查研究》中指出，浑河于家房控制单元为典型的工业点源污染型，COD 和氨氮常年超标。通过对浑河于家房控制单元进行风险源识别，研究人员在于家房控制单元筛选出以东北制药厂、化工集团等 19 家重大特大风险源企业作为于家房控制单元重点污染源排放企业，研究调查结果与控制单元功能类型划分结果相符。

2.4.2 绕阳河盘锦市控制单元功能特征类型划分技术验证

现以绕阳河盘锦市控制单元为对象进行控制单元功能特征类型划分技术的验证，该控制单元基本信息如表 2-17 所示。

表 2-17　绕阳河盘锦市控制单元基本信息

流域	控制单元	水体	监测断面	覆盖范围	
辽河流域	绕阳河盘锦市控制单元	绕阳河	胜利塘	鞍山市	台安县
				阜新市	彰武县、阜新蒙古自治县
				锦州市	黑山县、凌海市、北镇市
				盘锦市	兴隆台区、盘山区
				沈阳市	新民市

基于表 2-17 的控制单元所覆盖的区域信息，通过整理 2010—2018 年绕阳河盘锦市控制单元划分指标数据，进行控制单元特征功能类型分数计算，结果如图 2-6 所示。

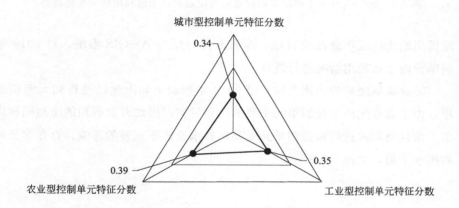

图 2-6　绕阳河盘锦市控制单元特征功能类型分数计算结果

由图 2-6 可知，绕阳河盘锦市控制单元在三方面特征功能类型上得分较为均衡，农业型特征分数略高于城市型和工业型，从计算结果初步判定绕阳河盘锦市控制单元为农业型控制单元。

为验证特征功能类型划分结果的可靠性，从控制单元土地使用的角度进行证明。本研究整理 2005—2018 年期间，控制单元覆盖区域内土地利用情况变化趋势如图 2-7 所示。其中农用地包括耕地、园地、林地、牧草地和其他农用地，建设用地包括城乡建设用地（城镇用地、农村居民点用地和采矿及其他独立建设用地）和交通水利设施用地（交通运输用地和水利设施用地），未利用地包括水域、滩涂沼泽和自然保留地。

由图 2-7 可知，随时间增长，控制单元逐渐提高对土地的开发利用，因此未利用土地面积所占比例逐渐降低，农用地和建设用地比例逐渐提高。在 2005 年盘锦市人民政府所颁布的《盘锦市土地利用总体规划（2006—2020 年）》中指出，盘锦市土地利用情况以农业用地为主，通过对区域现有土地的规划，实现对农用地和

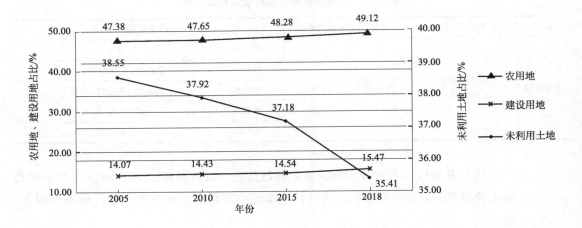

图 2-7 2005—2018 年期间绕阳河盘锦市控制单元土地利用情况变化趋势

建设用地比例逐年提高的目标。本研究同时结合 ArcGIS 系统，对 2019 年年末控制单元内土地利用情况进行统计。

随着流域经济的快速发展，至 2019 年控制单元土地已经得到大面积的开发利用，由于农业生产为控制单元主要的产业导向，因此开发利用的土地同样以农业为主。而且绕阳河盘锦市控制单元受基础排水设施不完善的影响，存在多条排水总干和排水干渠，如图 2-8 所示。

图 2-8 绕阳河盘锦市控制单元排水干渠实例

这些排水干渠汇集了来自周围的农村生活和生产污水，污水未经处理，以散排的方式排放入河流，最终导致河流水体的严重污染。在"十一五""十二五"期间，课题"辽河流域水环境管理技术综合示范"项目研究指出，绕阳河盘锦段为农业面源污染型控制单元，农业生产为控制单元的主要经济模式，但是经过实地走访调查发现，控制单元均亩化肥施用量 34kg/亩（1 亩＝666.67m²），远超出世界平均水平（8kg/亩），面源污染严重且无治理措施。除此之外，绕阳河和西沙河河道内有大量的养殖塘，定期排放的未经处理的养殖污水为绕阳河和西沙河受纳污水的重要组成部分，同样为水环境带来了严重的负担。

综上所述，证实了绕阳河盘锦市控制单元为农业型控制单元的划分结果。

2.4.3　蒲河沈阳市控制单元功能特征类型划分技术验证

现以蒲河沈阳市蒲河沿控制单元为对象，进行控制单元功能特征类型划分技术的验证，该控制单元基本信息如表 2-18 所示。

表 2-18　蒲河沈阳市蒲河沿控制单元基本信息

流域	控制单元	水体	监测断面	覆盖范围	
浑河流域	蒲河沈阳市蒲河沿控制单元	蒲河	蒲河沿	沈阳市	沈阳市、沈北新区、于洪区、新民县、辽中县

基于表 2-18 的控制单元所覆盖的区域信息，通过整理 2010—2018 年蒲河沈阳市蒲河沿控制单元划分指标数据，进行控制单元特征功能类型计算，结果如图 2-9 所示。

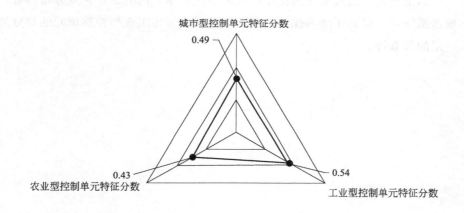

图 2-9　蒲河沈阳市蒲河沿控制单元特征功能类型分数计算结果

由图 2-9 可知，蒲河沈阳市蒲河沿控制单元在三方面特征功能类型上得分较为均衡，相比之下工业型特征分数比较突出。在"十二五"期间，研究指出蒲河沿沈阳市浦和控制单元内存在一定数量规模的工业企业污染源，其中制纸及纸板制造类企业所占数量比例最高，所排放废水占流域控制单元内排放废水比例 15.9%。

控制单元上游的企业分布较为密集，且多以制药类企业为主，在"十二五"辽河河口区陆源污染阻控与水质改善关键技术与示范研究中指出，蒲河沿控制单元作为主要制药行业污染控制单元，上游河段蒲河新区，周边有大量制药类企业，这些企业的废水经过处理后，最终流入蒲河。废水流经下游，与下游企业排放的废水汇合，此为导致蒲河水质有机物污染浓度较高的重要原因之一。蒲河沈阳市蒲河沿控制单元排水干渠支流汇水处如图 2-10 所示。

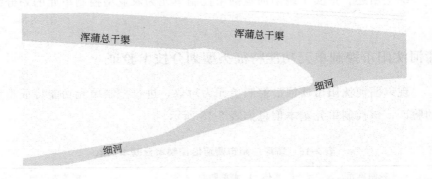

图 2-10 蒲河沈阳市蒲河沿控制单元排水干渠支流汇水处

　　由图 2-10 可以看出，在蒲河控制单元内存在排水干渠，且汇集了来自细河的污水。细河为辽河水系中的工业型重污染河流，不仅恶化了蒲河水环境，还提高了蒲河流域水质的工业型污染风险。

　　综上所述，通过对蒲河沈阳市蒲河沿控制单元内的工业企业分布调查，结合流域水系特征，验证了蒲河沈阳市蒲河沿控制单元为工业型控制单元的划分结果具有一定的可靠性。

第**3**章
具有功能差异性的水生态环境承载力监测指标体系构建

流域水生态环境承载力的评估已成为完善各地区水环境管理体系的重要环节，正确合理地评估现有流域的水生态环境承载力可根据现有的承载力情况制定可持续发展战略方案，如适当调整评估控制单元的产业结构、全面规划污染物的排放监管等措施，进行水环境承载力的修复和提升，为实现流域经济生态可持续发展提供长久支持。

水生态环境承载力为水资源、水环境、水生态和经济人口四重子系统耦合而成的概念体系。因此水生态环境承载力的评估指标体系的构建也将从这四重子系统入手，对现有涉及水环境、水生态、水资源和经济人口评估的相关研究中使用的评估指标进行汇总和使用频度统计，同时根据国家政府部门颁布的相关文件，对指标进行补充。通过变异系数法和相关系数法对指标进行优化筛选，从而组成水生态环境承载力评估指标体系。

本研究根据所评估的流域控制单元的不同功能类型，在评估指标体系中分别筛选符合城市型、工业型和农业型功能特征的指标，构成具有单元特征的水生态环境承载力评估指标体系，最后根据评估指标的数据来源和计算方法，进一步将评估指标体系转化成为监测指标体系，为推进具有功能差异性的水生态环境承载力监测技术方案优化奠定基础。

3.1 水生态环境承载力监测指标体系构建技术路线

具有功能差异性的流域水生态环境承载力监测指标体系构建技术路线如图 3-1 所示。

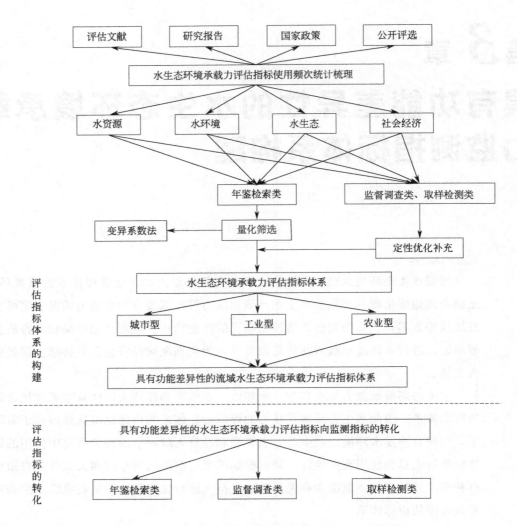

图 3-1　具有功能差异性的流域水生态环境承载力监测技术路线

监测指标体系的构建方法分为两个阶段，即评估指标体系的构建和评估指标的转化。

在评估指标体系的构建环节中，首先将评估文献、研究报告、国家政策和公开评选四个方面涉及有关水资源、水环境、水生态和社会经济的指标进行汇总和使用频次的统计，并按照统计指标的数据获取方式，将指标划分为年鉴检索类、监督调查与取样检测类两大类。对年鉴检索类评估指标，采用变异系数法，通过量化的方式对指标进行初步的筛选，然后将监督调查和取样检测类指标作为对指标体系的定性优化补充，由此得出流域水生态环境承载力评估指标体系。从中分别挑选出符合城市型、工业型和农业型控制单元功能类型的评估指标，由此形成具有功能差异性的流域水生态环境承载力评估指标体系。

根据每一个评估指标数据获取的来源，按照年鉴检索类、监督调查类和取样检测类进行类别划分，最终形成具有功能差异性的流域水生态环境承载力监测指标体系。

3.2　具有单元特征的水生态环境承载力评估指标体系的构建

3.2.1　评估指标的初选

研究应首先基于对水生态、水环境、水资源承载力等相关文献与我国官方发布的相关标准、课题研究的评价方法及评价指标进行归纳整理和频度统计，构建出流域水生态环境承载力评估指标库，所进行频度统计的评估指标应具备以下特征。

（1）可操作性

评估与监测指标选取的最终目标是能够用于定量评价并计算流域水生态环境承载力，因此各指标数据应当可量化、可预测、易获取，具有一定的现实统计意义；可以采用化学、物理等多种现代科学方法获取评估指标的数值；可以定量说明问题。若指标不易量化，则无法保证评价结果的真实可靠性，在此情况下可选用同类型指标代替。

（2）动态性

评估与监测指标应能够显示水资源、水环境、水生态和社会经济系统在时间和空间维度上的动态变化，能够反映水生态环境系统受到自然界和人类社会经济活动的干扰后产生的变化。

（3）可预测性

评估与监测指标应具备阶段预测性，在 3～5 年内的预测状态与实际状态误差较小，便于水环境管理风险控制方案的实施。对于偏离预测结果较大或较难得到准确预测值的指标，应选取其他能够间接反映其特征的指标替代。

（4）功能差异性

评估与监测指标应能反映不同类型控制单元的经济发展，污染物来源以及生态环境系统特点，使评估监测指标体系表现出功能差异性，例如单位面积综合牲畜量为年末大牲畜（猪、羊等）存栏数与区域总面积的比值，为农业型控制单元的评估监测指标。

（5）普适可比性

流域水生态环境承载力因时间和空间差异，其承载力大小也不相同，因此所选取评估监测指标必须满足评估计算结果可以普遍适用，可以在时间和空间上进行比较。

从水生态环境承载力概念耦合体系角度出发，收集 2008—2020 年与水相关承载力（水资源承载力、水环境承载力、水生态承载力）研究和水环境管理评估等相关领域，通过文献检索且被引量大于 3 的参考文献共计 165 篇，采用频度统计法对研究文献中采纳相关指标进行频度统计，并按照水资源、水环境、水生态和社会经济四个方面对评估指标进行归纳，统计指标总计 138 个，保留使用频率高于 30% 的评估指标作为备选。水生态环境承载力评估指标频度统计如表 3-1 所示。

表 3-1 水生态环境承载力评估指标频度统计

评估层	准则层	指标层		频度统计	频率统计
流域水生态环境承载力	A 水资源	A_1	人均生活日用水量	87	63.04
		A_2	单位面积灌溉用水量	82	59.42
		A_3	单位 GDP 用水量	79	57.25
		A_4	人均水资源量	56	40.58
	B 水环境	B_1	人均生活废水排放量	88	63.77
		B_2	单位工业产值废水排放量	72	52.17
		B_3	城镇污水集中处理率	71	51.45
		B_4	工业废水处理率	71	51.45
		B_5	工业废水排放达标率	67	48.55
		B_6	农村生活污水处理率	65	47.10
	C 水生态	C_1	林草植被覆盖率	81	58.70
		C_2	耕地比例	76	55.07
		C_3	农药使用量(折纯量)	64	46.38
		C_4	水产养殖面积比例	50	36.23
	D 社会经济	D_1	GDP 增长率	69	50.00
		D_2	第二产业占 GDP 比重	65	47.10
		D_3	第三产业占 GDP 比重	58	42.03
		D_4	污水治理投资占 GDP 比重	56	40.58
		D_5	建设用地比例	49	35.51
		D_6	人口密度	47	34.06
		D_7	人均 GDP	44	31.88
		D_8	城镇居民年人均可支配收入	42	30.43
		D_9	城镇化率	42	30.43

表 3-1 中统计指标说明及意义如下。

① A_1：人均生活日用水量 [L/（人·d）]。

指标解释：区域生活日用水总量与区域总人口的比值。

计算公式：

$$人均生活用水量 = \frac{区域生活日用水总量}{区域总人口}$$

② A_2：单位面积灌溉用水量（m^3/hm^2）。

指标解释：区域总灌溉用水量与区域耕地面积的比值。

计算公式：

$$单位面积灌溉用水量 = \frac{区域总灌溉用水量}{区域耕地面积}$$

③ A_3：单位 GDP 用水量（$m^3/万元$）。

指标解释：区域供水总量与区域地区生产总值的比值。

计算公式：

$$单位 GDP 用水量 = \frac{区域供水总量}{区域地区生产总值}$$

④ A_4：人均水资源量（$m^3/人$）。

指标解释：区域水资源总量与区域总人口的比值。

计算公式：

$$人均水资源量 = \frac{区域水资源总量}{区域总人口}$$

⑤ B_1：人均生活废水排放量 [kg/（人·d）]。

指标解释：区域生活排污总量与区域人口总量的比值。

计算公式：

$$人均生活废水排放量 = \frac{区域生活排污总量}{区域人口总量}$$

⑥ B_2：单位工业产值废水排放量（$m^3/万元$）。

指标解释：区域工业废水排放总量与区域工业生产总值的比值。

计算公式：

$$单位工业产值废水排放量 = \frac{区域工业废水排放总量}{区域工业生产总值}$$

⑦ B_3：城镇污水集中处理率（%）。

指标解释：城镇污水处理厂二级或二级以上处理且达到排放标准的污水处理量与城镇污水排放总量的百分比。

计算公式：

$$城镇污水厂集中处理率 = \frac{城镇污水处理量}{城镇污水排放总量} \times 100\%$$

⑧ B_4：工业废水处理率（％）。

指标解释：工业废水处理量与工业废水排放量的百分比。

计算公式：

$$工业废水处理率 = \frac{工业废水处理量}{工业废水排放量} \times 100\%$$

⑨ B_5：工业废水排放达标率（％）。

指标解释：工业废水达标排放量与工业废水排放总量的百分比。

计算公式：

$$工业废水达标排放率 = \frac{工业废水达标排放量}{工业废水排放总量} \times 100\%$$

⑩ B_6：农村生活污水处理率（％）。

指标解释：农村生活污水处理量与农村生活污水排放量的百分比。

计算公式：

$$农村生活污水处理率 = \frac{农村生活污水处理量}{农村生活污水排放量} \times 100\%$$

⑪ C_1：林草植被覆盖率（％）。

指标解释：林草植被总面积与区域土地面积的百分比。高寒区或草原区林草覆盖率是指区域内林地、草地面积之和与总土地面积的百分比。

计算公式：

$$林草植被覆盖率 = \frac{林草植被总面积}{区域土地面积} \times 100\%$$

⑫ C_2：耕地比例（％）。

指标解释：耕地面积与区域总面积的百分比。

计算公式：

$$耕地比例 = \frac{耕地面积}{区域总面积} \times 100\%$$

⑬ C_3：农药使用量（折纯量）（t）。

指标解释：将氮肥、磷肥、钾肥分别按含氮、含五氧化二磷、含氧化钾的百分之百成分进行折算后农药使用量，是判断地区农药使用强度的重要指标。

计算方法：参考农药折纯量计算表或直接通过年鉴检索获得。

⑭ C_4：水产养殖面积比例（％）。

指标解释：水产养殖总面积与区域总水面面积的百分比。

计算公式：

$$水产养殖面积比例 = \frac{水产养殖总面积}{区域总水面面积} \times 100\%$$

⑮ D_1：GDP 增长率（%）。

指标解释：本年度 GDP 增长值与上一年度 GDP 的百分比。

计算公式：

$$GDP\ 增长率 = \frac{本年度\ GDP\ 增长值}{上一年度\ GDP} \times 100\%$$

⑯ D_2：第二产业产值占 GDP 比重（%）。

指标解释：第二产业年 GDP 与区域 GDP 的百分比。

计算公式：

$$第二产业产值占\ GDP\ 比重 = \frac{第二产业年\ GDP}{区域\ GDP} \times 100\%$$

⑰ D_3：第三产业产值占 GDP 比重（%）。

指标解释：第三产业年 GDP 与区域 GDP 的百分比。

计算公式：

$$第三产业产值占\ GDP\ 比重 = \frac{第三产业年\ GDP}{区域\ GDP} \times 100\%$$

⑱ D_4：污水治理投资占 GDP 比重（%）。

指标解释：水污染治理投资与区域 GDP 的百分比。

计算公式：

$$污水治理投资占\ GDP\ 比重 = \frac{水污染治理投资}{区域\ GDP} \times 100\%$$

⑲ D_5：建设用地比例（%）。

指标解释：建设用地面积与区域总面积的百分比。

计算公式：

$$建设用地比例 = \frac{建设用地面积}{区域总面积} \times 100\%$$

⑳ D_6：人口密度。

指标解释：区域人口总量与区域总面积的比值，可反映区域的人口分布情况和资源消耗水平。

计算公式：

$$人口密度 = \frac{区域人口总量}{区域总面积}$$

㉑ D_7：人均 GDP（万元/人）。

指标解释：人均 GDP 是区域核算期内（通常是一年）实现的区域 GDP 与区域人口总数（目前使用户籍人口）的比值。

计算公式：

$$人均\,GDP = \frac{区域\,GDP}{区域人口总数}$$

㉒ D_8：城镇居民年人均可支配收入（元）。

指标解释：居民家庭全部现金收入中能用于安排家庭日常生活的那部分收入，可反映当地居民的生活和经济发展水平。

计算方法：通过年鉴检索获得。

㉓ D_9：城镇化率（%）。

指标解释：城镇化率（urbanization level）又称为城市化水平，指区域内城镇人口总数与区域内人口总数的百分比。

计算公式：

$$城镇化率 = \frac{区域内城镇人口总数}{区域内人口总数} \times 100\%$$

由表 3-1 可知，社会经济指标层所包含指标数量最多，共计 9 个，是由于该层级可涉及人文经济、城乡发展等不同学科领域的评估和研究，例如阿姆斯特丹大学城市区域生活质量研究组（URGE）构建了一套城市绿色发展的经济评价体系，由人类经济生产活动、城市绿色环境状态和城市公共管理 3 个维度组成。赵国杰等建立了自然生态化、经济低碳化和社会幸福化 3 维度指标体系用以评价社会发展。社会经济指标通常作为调控指标，通过对这一层级指标的干预，可达到社会经济和生态环境相互促进，平稳健康发展的目的。

水环境指标层包含指标数量仅次于社会经济指标层。其中，人均生活废水排放量、单位工业产值废水排放量、城镇污水集中处理率这三个指标使用频次较高，是由于自"十一五"期间以来，我国为整治流域水环境污染开展了一系列的评估和研究工作，包括水环境风险评估、水污染控制总体方案研究、水环境质量管理等研究，并取得多项研究成果，因此有关水环境层级可参考借鉴的评估指标相对较多。

水生态指标层包含指标数量较少，是由于生态评估的研究和调查过程相对复杂烦琐，且专业性更强；专家在进行生态研究和评估工作时，往往选取代表性强、权威性强的指标纳入体系进行评估，因此不同的研究资料中包含的指标具有较高的重复性。

水资源指标层包含 4 个指标，数量与水生态指标层包含指标相同，是由于在以往的相关评估研究中，水资源往往作为一个子模块，和矿产资源、土地资源等一同参与评估地区整体资源的评估研究，同时水资源这一概念的研究在量化评估过程中采用的指标重复性较高，因此该层级包含的指标数量较少。

上述指标为可使用年鉴检索得到相应数据的评估指标，通过量化筛选的方式，对上述指标进行优化，保留数据可靠的指标，并以此为基础构建流域水生态环境承载力评估指标体系。

3.2.2 基于定量分析的评估指标筛选

评估指标的变异系数可用于表示指标数据可提供给评估结果的信息量和对评估结果的表达能力。在评估研究中，通常根据评估需求将指标的变异系数限定在一个界限范围 $[u, U]$ 内，u 是指变异系数最小值，U 是指变异系数最大值。变异系数越小，表示评估指标包含的信息含量就越少，表达能力越弱。当变异系数小于 u 时，指标对评估结果无法产生显著性影响，应予以剔除。变异系数越大，越能反映出指标数据的变化对结果产生的影响。当变异系数超过预设界限 U 时，表示指标波动性太大，同样应予以剔除。

依据变异系数法得到的指标不仅具有代表性也具有稳定性，可以很好地表达评估结果。指标变异系数计算如式（3-1）所示。

$$v_i = \frac{s_i}{\bar{y}_i} = \frac{\sqrt{m \sum\limits_{k=1}^{m} (y_{ki} - \bar{y}_i)^2}}{\sum\limits_{k=1}^{m} y_{ki}} \tag{3-1}$$

式中　v_i——指标 i 的变异系数；

　　　s_i——指标 i 的均方差；

　　　$\bar{y}_i$——指标数据的平均值；

　　　y_{ki}——指标数值。

3.2.3 基于定性分析的指标的优化补充

为了保证研究具有权威性和时效性，在已经进行定量优化指标中还应纳入和我国资源环境与生态发展理念相适应的指标作为补充。近年来，我国在加强生态环境保护和治理工作中，不断对水环境标准、企业污染排放标准等相关生态和水质标准进行修订和更新，新的标准更加严格具体，并增添了新的检测项目，为加强工业企业污染物排放监督监管落实，为流域水体生态和环境健康提供保障。与此同时，我国针对流域水污染现状，在权威研究机构和高校开展相关研究课题也取得了重大突破。本研究收集整理了我国地表水环境质量标准、重点行业污染物排放标准等相关国家标准，流域水环境等相关领域评估指南、水生态环境承载力评估的相关研究报告等参考资料，指标优化参考资料如表 3-2 所示。

表 3-2　指标优化参考资料

《水质采样方案设计技术规定》	HJ 495—2009	《地表水环境质量标准》	GB 3838—2002
《地表水和污水监测技术规范》	HJ/T 91—2002	《污水综合排放标准》	GB 8978—1996
《水污染物排放总量监测技术规范》	HJ/T 92—2002	《辽宁省污水综合排放标准》	DB 21/1627—2008
《城镇污水处理厂污染物排放标准》	GB 18918—2002	《地表水环境质量监测技术规范》	HJ 91.2—2022
《辽河流域水污染物总量监控技术指南(试行)》		《生态环境状况评价技术规范(试行)》	
《辽宁省污染源自动监测管理办法(试行)》		《入河排污口监督管理办法》	
《水污染防治行动计划实施情况考核规定(试行)》		《辽河流域水生态监测技术指南(试行)》	
课题 2008ZX07526—004 流域水生态承载力与总量控制技术研究			
课题 2009ZX07526—006 辽河流域水生态功能分区与水质目标管理技术示范研究			
课题 2008ZX07208—001 辽河流域水污染控制总体方案研究			
课题 2012ZX07505—005 辽河流域水环境管理实施效果评估与流域技术集成			
课题 2013ZX07501—005 控制单元水生态承载力与污染物总量控制技术研究与示范			

从表 3-2 可知，近年来为整治我国流域水污染现状，有关部门在开展一系列研究的同时，从管理落实、实时监测等方面不断落实整治措施，涉及水资源、水环境和水生态三个层次的评估指标不仅具有权威性，更具有时效性，与我国生态文明的建设与发展理念相契合，因此在评估过程中应参考上述资料所涉及的水生态环境承载力相关指标。

将水资源、水环境、水生态和社会经济相关的指标进行梳理。在水资源指标层补充水资源开发利用率、地下水开采量、河流连通性指数 3 个指标。在水环境指标层补充断面水质达标率、水环境容量利用率、单位工业产值 COD 排放量、单位工业产值氨氮排放量、COD 水环境容量利用率、氨氮水环境容量利用率 6 个指标。在水生态指标层补充湖库富营养化指数、藻类完整性指数、大型底栖无脊椎动物完整性指数、生态需水保证率 4 个指标。

标准指南涉及指标汇总如表 3-3 所示。

表 3-3　标准指南涉及指标汇总

评估层	准则层	指标层	
流域水生态环境承载力	A 水资源	A_4	水资源开发利用率
		A_5	河流连通性指数
	B 水环境	B_7	断面水质达标率
		B_8	水环境容量利用率
		B_9	单位工业产值 COD 入河量
		B_{10}	单位工业产值氨氮入河量
		B_{11}	COD 水环境容量利用率
		B_{12}	氨氮水环境容量利用率
	C 水生态	C_5	湖库富营养化指数
		C_6	藻类完整性指数
		C_7	大型底栖无脊椎动物完整性指数
		C_8	生态需水保证率

表 3-3 中统计水生态环境承载力指标说明及计算方法如下。

① A_4：水资源开发利用率（％）。

指标解释：水资源开发利用率是指流域或区域总供水量与区域水资源总量的百分比，可反映水资源开发利用的程度。

计算公式：

$$水资源开发利用率 = \frac{区域总供水量}{区域水资源总量} \times 100\%$$

② A_5：河流连通性指数。

指标解释："十二五"课题"淮河-沙颍河水质水量联合调度改善水质关键技术研究"（2009ZX07210—006）中指出，河流连通性表示在自然和人工形成的江河湖库水系基础上，维系、重塑或新建满足一定功能目标的水流连接通道，以保证相对稳定的流动水体及其联系的物质循环。通过对水质水量的调控，可保证河流连通性、改善流域生态环境、维持生物多样性、保证水资源可持续利用。

计算方法：目前针对河流连通性指数的计算普遍采用综合指标评价法，对于局部河段或断面，根据纵横垂向特征，选择适宜特征评价指标，分别计算纵横垂向连通性指数，再经复合计算出局部河段或断面的综合连通性指数。例如陈昂等通过梳理河流连通性的研究成果，明确河流连通性是指河流在纵向、横向、垂向和时间维度的连续性，得出河流连通性评价应包含连通作用对河流水系和生境破碎化的影响、对径流调节的影响、对水资源利用的影响、对基础设施建设和城市化的影响等，并由此选用破碎度指数、库容调节系数、资源利用消耗率、路网密度和城市夜间灯光指数 5 个指标作为计算评估河流连通性的依据。

在研究过程中，应基于河流连通性的概念意义，同时结合流域的实际情况，选取适当的指标作为评判河流连通性的依据。

③ B_7：断面水质达标率（％）。

指标解释：地表水环境断面数量达标数（河长、面积）与评价断面总数的百分比，在水环境评估中常用作评估现阶段水污染状态，或用于检验水环境治理措施实施效果。

计算公式：

$$断面水质达标率 = \frac{地表水环境断面数量达标数}{评价断面总数} \times 100\%$$

④ B_8：水环境容量利用率（％）。

指标解释：区域内水体污染物入河量与水环境容量的百分比。

计算公式：

$$水环境容量利用率 = \frac{污染物入河量}{水环境容量} \times 100\%$$

⑤ B_9：单位工业产值 COD 入河量（t/万元）。

指标解释：区域内水体 COD 入河量与区域工业产值的比值。

计算公式：

$$单位工业产值 COD 入河量 = \frac{COD 入河量}{区域工业产值}$$

⑥ B_{10}：单位工业产值氨氮入河量（t/万元）。

指标解释：区域内水体氨氮入河量与区域工业产值的比值。

计算公式：

$$单位工业产值氨氮入河量 = \frac{氨氮入河量}{区域工业产值}$$

⑦ B_{11}：COD 水环境容量利用率（%）。

指标解释：区域内水体 COD 入河量与区域内水体的 COD 水环境容量的百分比。

计算公式：

$$COD 水环境利用率 = \frac{COD 入河量}{COD 水环境容量} \times 100\%$$

⑧ B_{12}：氨氮水环境容量利用率（%）。

指标解释：区域内水体氨氮入河量与区域内水体的氨氮水环境容量的百分比。

计算公式：

$$氨氮水环境利用率 = \frac{氨氮入河量}{氨氮水环境容量} \times 100\%$$

⑨ C_5：湖库富营养化指数。

指标解释：湖库富营养化指数是表征湖泊（水库）富营养化程度的指数。

计算方法：采用地表水资源质量评价技术规范（SL 395—2007）我国湖泊富营养化评价与分级标准中的 TN、TP 和叶绿素 a（Chla）与富营养化的关系来表征富营养化程度。

⑩ C_6：藻类完整性指数

指标解释：藻类是低等的绿色植物，是水生生态系统的重要组分，是原生动物、底栖动物、鱼类等水生生物的重要食物来源，在水生生态系统中起着提供物质和能量的作用。藻类群落在不同的水体中具有特定结构，其数量和种类的变化，反映了环境中水质的变化和栖息地的变化，是水质监测和评价的重要参数，并且藻类群落特征的变化对水体受污染状况及水体的生态恢复状况也有一定指示作用。

计算方法：具体根据评价流域的具体藻类采集的物种分布情况，选择香农-威纳指数（Shannon-Weiner index）法进行计算。

⑪ C_7：大型底栖无脊椎动物完整性指数。

指标解释：利用大型底栖无脊椎动物结构和群落特征来反映河流或水库的生态健康程度。

计算方法如下。

a. 采样点的数据资料收集。用定量或半定量采样法采集大型底栖无脊椎动物样本，采样点可划分为参照样点和受损点，参照样点为未受损样点和受损极小样点，受损点为已经收到干扰的样点。采样时应一并记录水样的理化指标，并对采样点的生境质量（底质组成、深度、流速、河岸植被等）进行定性评价。

b. 候选参数。建立 B-IBI（benthic index of biotic integrity，底栖动物完整性指数）评估的候选参数可分为三类：与生物群落和结构有关的参数，如多样性指数、分类单元丰富度等；与生物耐污能力有关的参数；与生物行为和习性有关的生境参数，如黏附者百分比。

c. 参数筛选。构成 B-IBI 的每个参数必须对环境因子（化学、物理、水动力学和生物等）的变化反应敏感，计算方法简便，所包含的生物学意义清楚。一般通过对参数值的分布范围分析、判别能力分析（敏感性分析）和相关分析来获得一组 B-IBI 构成参数。

d. 评价量纲的统一。通常采用记分法来统一 B-IBI 各构成指数的量纲。如常用的 3 分制法：根据各参数值在参照样点的频数分布，＞25％ 分位数值（对于参数值随污染增大的，则＜75％ 分位数值），记为 6 分；对低于 25％ 分位数值或高于 75％ 分位数值的分布范围进行二等分，分别记为 3 分和 0 分。

e. B-IBI 的验证与修订。B-IBI 值为各构成指数分值的累加值；完成 B-IBI 构建后需对 B-IBI 的准确性进行验证和修订。一般将一组已知干扰程度的样点作为测试点，根据已有的 B-IBI 标准进行评价，并验证评价结果的准确性，修订 B-IBI 评价标准或调整构成指数。

⑫ C_8：生态需水保证率（％）。

指标解释：河湖环境用水、地下水恢复用水、湿地恢复用水、水土保持生态水量和入海水量等生态用水量与生态需水量的百分比。

计算公式：

$$生态需水保证率 = \frac{生态用水量}{生态需水量} \times 100\%$$

3.2.4　辽河流域水生态环境承载力评估指标体系的构建

按照表 3-1 所示指标，从《中国统计年鉴》《中国环境统计年鉴》以及各省市统计局统计年鉴、统计公报等数据库中，检索 2010—2018 年辽宁省各个指标数据，整理结果如表 3-4 所示。采用 SPSS 22.0 对各个指标进行变异系数计算，计算结果如表 3-5 所示。

表 3-4　辽宁省年鉴检索类指标数据整理结果

准则层	指标层	监测计算指标	单位	2010	2011	2012	2013	2014	2015	2016	2017	2018
A 水资源	A₁	人均生活日用水量	L	121.00	126.00	128.10	128.71	131.80	135.50	146.30	135.95	148.15
	A₂	农业灌溉供水量	×10⁴ m³	114623.00	118632.00	125791.00	135489.00	141503.00	122058.00	132004.00	144710.00	142059.00
		耕地灌溉面积	×10⁴ hm²	153.80	158.84	169.88	140.78	147.40	152.03	157.30	161.10	161.90
		单位面积灌溉用水量	m³/hm²	745.27	746.87	740.46	962.39	960.01	802.85	839.19	898.26	877.45
	A₃	生产生活用水量	×10⁸ m³	121.00	144.50	142.20	142.10	141.80	140.80	135.40	131.10	130.30
		GDP	亿元	18528.61	22301.47	24882.59	27246.23	28612.34	28555.57	21896.19	23409.24	25315.4
		单位GDP用水量	m³/元	153.13	154.34	174.98	191.74	201.78	202.81	161.71	178.56	194.29
	A₄	人均水资源量	m³/人	1392.10	673.20	1247.80	1055.20	408.10	408.00	757.10	426.00	539.00
B 水环境	B₁	生活污水排放量	×10⁴ t	144584.11	141698.99	151495.12	156106.49	172114.92	176707.20	170438.37	186557.22	195427.54
		年末总人口	万人	4251.70	4255.00	4244.80	4238.00	4244.20	4229.70	4232.00	4196.50	4191.90
		人均生活废水排放量	t/人	34.01	33.30	35.69	36.83	40.55	41.78	40.27	44.46	46.62
	B₂	工业废水排放量	×10⁴ t	71284.39	90457.12	87167.54	78285.60	90630.78	83140.28	57639.21	51284.11	39554.67
		工业总产值	亿元	36219.4	41776.7	49031.5	52892.0	50090.6	33498.6	21318.5	22948.8	26066.8
		单位工业产值废水排放量	×10⁴t/亿元	196.81	216.53	177.78	148.01	180.93	248.19	270.37	223.47	151.74
	B₃	城镇污水集中处理率	%	74.93	84.14	84.59	90.00	89.05	93.08	93.61	93.33	95.20
	B₄	工业废水处理率	%	65.21	67.44	72.13	80.15	86.11	89.50	90.24	90.57	91.25
	B₅	工业废水排放达标率	%	91.14	92.45	93.55	94.67	96.29	96.14	96.83	97.64	98.47
	B₆	农村生活污水处理率	%	52.46	76.67	87.52	89.50	91.46	93.28	91.53	93.40	96.17
C 水生态	C₁	林草植被覆盖率	%	39.30	39.78	40.17	37.40	40.10	40.30	36.35	40.70	39.90
	C₂	耕地面积	×10⁴ hm²	14.90	15.20	15.50	15.50	15.50	16.10	15.77	15.26	15.80
		耕地比例	%	10.07	10.27	10.47	10.47	10.47	10.88	10.66	10.31	10.68
	C₃	农药使用量(折纯量)	×10⁴ t	140.10	144.64	146.90	151.76	151.55	152.09	148.06	145.47	145.00
	C₄	水产养殖面积比例	%	6.49	6.77	6.86	7.76	7.74	7.79	5.94	5.94	5.88

续表

准则层	指标层	监测计算指标	单位	2010	2011	2012	2013	2014	2015	2016	2017	2018
D 社会经济	D₁	GDP增长率	%	14.2	12.3	9.5	8.8	5.7	2.8	−2.2	4.2	5.7
	D₂	第二产业占GDP比重	%	54.10	54.90	53.50	51.60	50.20	46.60	38.70	39.30	39.60
	D₃	第三产业占GDP比重	%	37.20	36.80	38.10	40.60	41.80	46.20	52.30	51.60	52.40
	D₄	污水治理投资占GDP比重	%	4.59	8.72	8.56	5.72	0.85	1.28	0.90	1.61	0.40
	D₅	建设用地比例	%	14.67	15.20	15.28	16.27	16.52	16.25	18.37	18.68	18.68
	D₆	人口密度	人/km²	1814.00	1712.00	1624.00	1663.00	1615.00	1590.00	1485.00	1770.00	1782.00
	D₇	人均GDP	人/元	42355.00	50760.00	56649.00	62068.00	65164.00	65092.00	49990.00	53527.00	58008.00
	D₈	城镇居民年人均可支配收入	元	17712.60	20466.84	23222.67	25578.17	29081.70	31125.73	32876.09	34993.39	37341.93
	D₉	城镇化率	%	62.10	64.05	66.65	66.45	67.05	67.35	67.37	67.49	68.10

表 3-5　辽宁省年鉴检索指标变异系数计算结果

年份样本	人均生活日用水量/L	单位面积灌溉用水量/(m³/hm²)	单位GDP用水量/(m³/元)	人均水资源量/(m³/人)	人均生活废水排放量/(t/人)	单位工业产值工业废水排放量/(×10⁴t/亿元)	城镇污水集中处理率/%	工业废水处理率/%	工业废水排放达标率/%	农村生活污水处理率/%	林草植被覆盖率/%	排地比例/%
平均数	133.5010	841.4182	179.2596	767.3889	39.2792	201.5375	88.6592	81.4000	95.2422	85.7767	39.3333	10.4752
标准偏差	42.0550	90.8082	58.6020	377.4633	4.6359	62.7976	46.4817	30.5567	2.4599	13.6824	21.4684	0.2425
变异系数	0.3150	0.1079	0.3269	0.4919	0.1180	0.3116	0.5243	0.3754	0.0258	0.1595	0.5458	0.0231

年份样本	农药使用量(折纯量)/t	水产养殖面积比例/%	GDP增长率/%	第二产业占GDP比重/%	第三产业占GDP比重/%	污水治理投资占GDP比重/%	建设用地比例/%	人口密度/(人/km²)	人均GDP/(人/元)	城镇居民年人均可支配收入/元	城镇化率/%
平均数	147.2845	6.7959	6.7778	47.6111	44.1111	3.6245	16.6569	1672.7778	55957.0000	28044.3471	66.2900
标准偏差	4.0185	0.8075	5.0309	6.7658	26.6260	2.3666	1.5581	566.5303	20613.9679	9728.1612	1.9466
变异系数	0.0273	0.1188	0.7423	0.1421	0.6036	0.6529	0.0935	0.3387	0.3684	0.3469	0.0294

由表 3-5 可知，在水资源指标层，单位面积灌溉用水量变异系数较小，这一指标主要取决于区域的农业生产方式和生产种类，因此在生产模式固定的前提下，这一指标的变化幅度较小。在水环境指标层，由 2010 年至今的工业废水排放达标率和农村生活污水处理率两个指标数据得知，该指标呈稳步上升的态势，这表明我国工业企业和各级地方正积极响应环境保护的号召，不断落实加强对环境的整治措施，工业废水排放达标率和农村生活污水处理率不断提高，因此这两项指标的变异系数较小。在水生态指标层，由于生态环境意识的不断提高，在扩大绿化面积的同时，可为更多的动物提供足够的栖息地，保证了生态多样性，因此这一指标的变异系数高于其他水生态类指标。在人口经济指标层，建设用地比例和城镇化率两个指标受政府层面调控的影响，相比之下指标数据的变化幅度较低，指标数据的变异系数较小。

综上所述，参考相关研究文献，保留表 3-5 变异系数在 [0.3，0.8] 区间内的评估指标，并最终构成辽宁省流域控制单元水生态环境承载力评估指标体系如表 3-6 所示。

表 3-6　辽宁省流域控制单元水生态环境承载力评估指标体系

准则层	指标层		变异系数
A 水资源	A_1	人均生活日用水量	0.32
	A_2	单位 GDP 用水量	0.33
	A_3	人均水资源量	0.49
B 水环境	B_1	单位工业产值废水排放量	0.31
	B_2	城镇污水集中处理率	0.52
	B_3	工业废水处理率	0.38
C 水生态	C_1	林草植被覆盖率	0.55
D 社会经济	D_1	GDP 增长率	0.74
	D_2	第三产业占 GDP 比重	0.60
	D_3	污水治理投资占 GDP 比重	0.65
	D_4	人口密度	0.34
	D_5	人均 GDP	0.37
	D_6	城镇居民年人均可支配收入	0.35

根据辽宁省指标数据统计结果，经变异系数法对原始统计指标的筛选，最终保留 3 个水资源指标、3 个水环境指标、1 个水生态指标和 6 个人口经济指标指标，并参考表 3-3，选取参考文献数量大于 2 的指标纳入表 3-6 中指标体系，由此共同组成符合辽宁省资源环境和生态经济特征的指标，并构建了辽宁省流域水生态环境承载力评估指标体系如表 3-7 所示。

表 3-7　辽宁省流域水生态环境承载力评估指标体系

评估层	准则层	指标层	
流域水生态环境承载力	A 水资源	A_1	人均生活日用水量
		A_2	单位 GDP 用水量
		A_3	人均水资源量
		A_4	水资源开发利用率
	B 水环境	B_1	单位工业产值废水排放量
		B_2	城镇污水集中处理率
		B_3	工业废水处理率
		B_4	断面水质达标率
		B_5	水环境容量利用率
	C 水生态	C_1	林草植被覆盖率
		C_2	湖库富营养化指数
		C_3	藻类完整性指数
		C_4	大型底栖无脊椎动物完整性指数
	D 社会经济	D_1	GDP 增长率
		D_2	第三产业占 GDP 比重
		D_3	污水治理投资占 GDP 比重
		D_4	人口密度
		D_5	人均 GDP
		D_6	城镇居民年人均可支配收入

以表 3-7 为基础，从中归纳出符合城市型、工业型和农业型功能特征的评估指标，由此形成辽宁省具有单元特征的水生态环境承载力评估指标体系如表 3-8 所示。

表 3-8　辽宁省具有单元特征的水生态环境承载力评估指标体系

评估层	准则层	指标层	
城市型控制单元	A 水资源	A_1	人均生活日用水量
		A_2	单位 GDP 用水量
		A_3	人均水资源量
		A_4	水资源开发利用率
	B 水环境	B_1	城镇污水集中处理率
		B_2	断面水质达标率
		B_3	水环境容量利用率
	C 水生态	C_1	林草植被覆盖率
		C_2	藻类完整性指数
		C_3	大型底栖无脊椎动物完整性指数

评估层	准则层	指标层	
城市型控制单元	D 社会经济	D_1	GDP 增长率
		D_2	第三产业占 GDP 比重
		D_3	污水治理投资占 GDP 比重
		D_4	人口密度
		D_5	人均 GDP
		D_6	城镇居民年人均可支配收入
工业型控制单元	A 水资源	A_1	人均生活日用水量
		A_2	单位 GDP 用水量
		A_3	人均水资源量
		A_4	水资源开发利用率
	B 水环境	B_1	单位工业产值废水排放量
		B_2	工业废水处理率
		B_3	断面水质达标率
		B_4	水环境容量利用率
	C 水生态	C_1	林草植被覆盖率
		C_2	藻类完整性指数
		C_3	大型底栖无脊椎动物完整性指数
	D 社会经济	D_1	GDP 增长率
		D_2	污水治理投资占 GDP 比重
		D_3	人口密度
		D_4	人均 GDP
农业型控制单元	A 水资源	A_1	人均生活日用水量
		A_2	单位 GDP 用水量
		A_3	人均水资源量
		A_4	水资源开发利用率
	B 水环境	B_1	断面水质达标率
		B_2	水环境容量利用率
	C 水生态	C_1	林草植被覆盖率
		C_2	湖库富营养化指数
		C_3	藻类完整性指数
		C_4	大型底栖无脊椎动物完整性指数
	D 社会经济	D_1	GDP 增长率
		D_2	污水治理投资占 GDP 比重
		D_3	人口密度
		D_4	人均 GDP

从表 3-8 中可以发现，城镇污水集中处理率、城镇居民年人均可支配收入和第

三产业占 GDP 比重为城市型控制单元区别于其他两个控制单元特有的评估指标。工业型控制单元的特异性指标为单位工业产值废水排放量和工业废水处理率，农业型控制单元的特异性指标为湖库富营养化指数。

综上所述，本章以上述方法步骤为例，通过对指标的频度统计和研究资源的补充，建立原始评估指标数据库，通过代入辽宁省统计数据，采用变异系数法对原始年鉴检索类指标进行优化筛选，并以官方资料汇总指标作为补充，最终形成具有功能差异的辽宁省流域水生态环境承载力评估指标体系，为构建具有单元特征的水生态环境承载力监测指标体系奠定基础。

3.3　具有单元特征的水生态环境承载力监测指标体系的转化

通过对评估指标的梳理优化，构建具有单元特征的水生态环境承载力评估指标体系，根据评估指标的计算因子将评估指标体系转化为监测指标体系，如人均生活用水量的计算因子为生活用水量和人口总量，因此可通过监测这两个指标来获取人均生活用水量的数据值，并在此基础上根据指标监测数据的来源，将监测指标划分为年鉴检索类、监督调查类和取样检测类。具有单元特征的水生态环境承载力监测指标体系如表 3-9 所示。

表 3-9　具有单元特征的水生态环境承载力监测指标体系

单元类型	准则层		指标层	监测指标
			年鉴检索类	
城市型控制单元	A 水资源	A₁	人均生活日用水量	人口总量
				生活用水量
		A₂	单位 GDP 用水量	地区生产总值
				区域总供水量
		A₃	人均水资源量	人口总量
				区域总供水量
		A₄	水资源开发利用率	区域水资源总量
				区域总供水量
	B 水环境	B₁	城镇污水集中处理率	城镇生活污水排放量
				城镇污水厂污水处理量
	C 水生态	C₁	林草植被覆盖率	林草植被覆盖率
	D 社会经济	D₁	GDP 增长率	GDP 增长率
		D₂	第三产业占 GDP 比重	地区生产总值
				第三产业产值

续表

单元类型	准则层	指标层		监测指标
	D 社会经济	D₃	污水治理投资占 GDP 比重	污水治理投资占 GDP 比重
		D₄	人口密度	人口密度
		D₅	人均 GDP	人口总量地区生产总值
		D₆	城镇居民年人均可支配收入	城镇居民年人均可支配收入
	监督调查类			
	B 水环境	B₃	水环境容量利用率	月均径流量
				流量
	取样检测类			
城市型控制单元	B 水环境	B₂	断面水质达标率	《地表水环境质量标准》中规定的基本项目
			餐饮行业	动植物油
			医疗机构行业	总余氯
				药品及个人护理品(PPCPs)
		B₃	水环境容量利用率	化学需氧量 COD
				氨氮
	C 水生态	C₂	藻类完整性指数	藻类多样性指数法
		C₃	大型底栖无脊椎动物完整性指数	B-IBI 指数法
	年鉴检索类			
工业型控制单元	A 水资源	A₁	人均生活日用水量	人口总量
				生活用水量
		A₂	单位 GDP 用水量	地区生产总值
				区域总供水量
		A₃	人均水资源量	人口总量
				区域总供水量
		A₄	水资源开发利用率	区域水资源总量
				区域总供水量
	B 水环境	B₁	单位工业产值废水排放量	工业总产值
				工业废水排放量
		B₂	工业废水处理率	工业废水处理率
	C 水生态	C₁	林草植被覆盖率	林草植被覆盖率
	D 社会经济	D₁	GDP 增长率	GDP 增长率
		D₂	污水治理投资占 GDP 比重	污水治理投资占 GDP 比重
		D₃	人口密度	人口总量
				区域总面积
		D₄	人均 GDP	人口总量
				地区生产总值
	监督调查类			

续表

单元类型	准则层		指标层	监测指标
	B 水环境	B₄	水环境容量利用率	月均径流量
				流量
			取样检测类	
	B 水环境	B₄	水环境容量利用率	化学需氧量
				氨氮
工业型控制单元	B 水环境	B₃	断面水质达标率	《地表水环境质量标准》中规定的基本项目
			纺织染整、麻纺、缫丝业	色度
				悬浮物浓度
				氯苯类化合物
				硝基苯类
				苯胺类化合物
				二氧化氯
				金属及其化合物:铝、锌
			矿选业	金属及其化合物
				硝基苯类
				悬浮物浓度
				苯胺类
			木材加工、造纸印刷行业	金属及其化合物:铝、铁
				色度
				悬浮物浓度
			制药行业	苯及苯系物
				抗生素类
				苯胺类化合物
				挥发性卤代烃
			化工行业	苯及苯系物
				挥发性卤代烃
				酚类化合物
				氯苯类化合物
				苯胺类化合物
				酯与邻苯二甲酸酯类
			合金钢铁加工制造业	硝基苯类
				金属及其化合物:铝、铍、铁
				苯胺类
			农药制造业	三氯乙醛
				除草剂类
				氯苯类化合物
				酚类化合物

单元类型	准则层		指标层	监测指标
工业型控制单元	B 水环境	B₃	农药制造业	重金属类
				苯及苯系物
				有机磷农药
				杀虫剂类
				有机氯农药
			炼焦、石油业	苯及苯系物
				多环芳烃（PAHs）
	C 水生态	C₂	藻类完整性指数	藻类多样性指数法
		C₃	大型底栖无脊椎动物完整性指数	B-IBI 指数法
农业型控制单元	年鉴检索类			
	A 水资源	A₁	人均生活日用水量	人口总量
				生活用水量
		A₂	单位 GDP 用水量	地区生产总值
				区域总供水量
		A₃	人均水资源量	人口总量
				区域总供水量
		A₄	水资源开发利用率	区域水资源总量
				区域总供水量
	C 水生态	C₁	林草植被覆盖率	林草植被覆盖率
	D 社会经济	D₁	人均 GDP	人口总量
				地区生产总值
		D₂	人口密度	人口总量
				区域总面积
		D₃	污水治理投资占 GDP 比重	污水治理投资占 GDP 比重
	监督调查类			
	B 水环境	B₂	水环境容量利用率	月均径流量
				流量
	取样检测类			
	B 水环境	B₂	水环境容量利用率	化学需氧量
				氨氮
	B 水环境	B₁	断面水质达标率	《地表水环境质量标准》中规定的基本项目
				除草剂类
				氯苯类化合物
				酚类化合物
				苯及苯系物
				有机磷农药

单元类型	准则层	指标层		监测指标
农业型控制单元	B 水环境	B_1	断面水质达标率	杀虫剂类
				重金属类
				有机氯农药
	C 水生态	C_2	湖库富营养化指数	湖库中总含磷量
				湖库中总含氮量
				湖库中叶绿素 a 含量
		C_3	藻类完整性指数	藻类多样性指数法
		C_4	大型底栖无脊椎动物完整性指数	B-IBI 指数法

　　由表 3-9 通过对比，发现不同类型的控制单元在断面水质达标率这一检测指标上存在较大差异，在不同功能类型控制单元可检出的污染物种类各不相同。对于城市型控制单元，在检出阴离子表面活性剂和药品及个人护理品（pharmaceutical and personal care products，PPCPs）这两个指标上，相比于其他两种功能类型的控制单元上存在更大的概率，因此阴离子表面活性剂和药品及个人护理品同样可作为城市型控制单元的特异性污染物。同理磷酸盐（以 P 计）和有机磷农药（以 P 计）等为农业型控制单元的特异性污染物，工业性控制单元特异性污染物较多，可根据控制单元区域内的工业企业类型，选定不同行业的特异性污染物。

　　特异性污染物可作为验证流域控制单元功能类型划分是否正确的依据。若在工业型控制单元水体内检验出重金属类污染物，则该评估单元功能类型划分正确。对于具有功能差异性的流域水生态环境承载力监测指标体系的构建，在确保评估结果的准确性和权威性的同时，可极大程度地提高评估效率，省去不必要项目的监测环节，也可系统高效地实现流域水环境评估和管理，对我国水环境管理规划方案的完善、落实实施和治理效果评估具有重要意义。

第4章
具有单元特征水生态环境承载力监测主控因子筛选技术

水生态环境承载力监测指标众多，因此在大量指标中筛选出对流域水生态环境承载力影响程度大、出现频率高的主控因子，对环境潜在危害大的污染物具有十分重要的意义。主控因子在优先污染物清单的基础上，考虑典型行业有毒有害污染源清单及生态指标，根据污染物出现频度、风险性进行筛选优化。

通过收集研究区域的基础资料，包括土地利用类型、河流水质污染程度、工业企业分布等资料，结合研究建立的水生态环境承载力监测指标体系，按照出现频度、污染物风险等级、冗余分析等初步列出流域水生态环境承载力主控因子初始名单，将主控因子划分为农业型、工业型和城市型，同时保留单元特征指标如农药、个人及药物护理品等。主控因子名单确定后，对同一单元类型的初始主控因子指标数据进行标准化处理以消除量纲的干扰，之后对标准化数据进行主成分分析法因子分析、重要性水平计算和相关性分析，迭代优选出具有单元特征的主控因子。在不同控制单元内对主控因子进行验证，并根据验证结果修正该单元的主控因子名单。

4.1 主控因子筛选原则

① 选择对水环境危害大并列入国家重点控制的主要污染物。

② 符合辽河流域水环境污染特征，能够反映流域污染状况，决定水环境质量的主要超标因子。

③ 选择能够反映辽河流域具体控制单元污染物排放现状和趋势，决定水污染特征的主要污染因子。

④ 选择被列入《地表水环境质量标准》（GB 3838—2002）、《污水综合排放标准》（GB 8978—1996）的因子。

　　⑤ 选择具有可靠的监测计量手段和在线监控方法的控制因子。

　　⑥ 选择具有切实可行的污染控制和削减措施的控制因子。

4.2　主控因子筛选技术方法

　　主控因子筛选技术流程为：主控因子初始名单的确定—指标标准化—KMO 和 Bartlett 球形度检验—因子分析—重要性水平计算—相关性分析。

　　① 根据研究区域基础资料以及研究建立的监测指标体系，初步确定流域水生态环境承载力监测主控因子初始名单，并将其划分为农业型、工业型和城市型。

　　② 确定控制单元污染类型，获取相应类型河流断面所需监测指标的数据，对指标进行标准化处理。

　　③ 对标准化数据进行 KMO（Kaiser-Meyer-Olkin）检验和巴特利特（Bartlett）检验，检验是否适用于因子分析。

　　④ 将标准化后的指标数据进行因子分析，利用方差最大正交旋转法对因子载荷矩阵进行旋转，剔除旋转成分矩阵中因子荷载小于 0.7 的指标，得到若干主成分。

　　⑤ 计算各项指标重要性水平，将重要性水平最高的指标直接纳入主控因子名单。

　　⑥ 将上述进行重要性水平计算的所有指标进行 Pearson 相关性分析，剔除与上述重要性水平最高因子相关性系数大于 0.6 的指标，将其余相关性低的指标进行迭代优选。

　　主控因子筛选技术路线如图 4-1 所示。

　　主控因子初始名单收集了大量不同的指标变量，每个指标的性质、量纲、数量级等特征均存在一定的差异。涉及多个不同指标综合起来的评价模型，由于各个指标的属性不同，无法直接在不同指标之间进行比较和综合。为了统一比较的标准，保证结果的可靠性，将原始数据转化为无量纲、无数量级差异的标准化数值，消除不同指标之间因属性不同而带来的影响，从而使结果更具有可比性。

　　根据控制单元类型划分结果，确定待测河流单元类型，获取相应类型河流断面所需监测指标的数据，采用极差标准化法消除变量量纲和变异范围影响，公式如下。

对于正指标，标准化数据为：$r_{ij} = \dfrac{r_{ij}{}' - \min r_{ij}{}'}{\max r_{ij}{}' - \min r_{ij}{}'}$ （4-1）

对于负指标，标准化数据为：$r_{ij} = \dfrac{\max r_{ij}{}' - r_{ij}{}'}{\max r_{ij}{}' - \min r_{ij}{}'}$ （4-2）

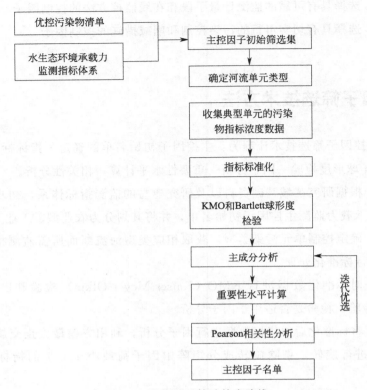

图 4-1   主控因子筛选技术路线

对于固定型适度指标，标准化数据为：

$$r_{ij}=1-\frac{|\,r_{ij}{}'-r_i\,|}{\max|\,r_{ij}{}'-r_i\,|} \tag{4-3}$$

式中 r_{ij}——正向化值；

$r_{ij}{}'$——原始数据值；

$\min r_{ij}{}'$——原始数据指标的最小值；

$\max r_{ij}{}'$——原始数据指标的最大值；

r_i——某一常量。

处理后的标准化数据代入 SPSS 22.0 中进行 KMO 和巴特利特检验。KMO (Kaiser-Meyer-Olkin) 检验统计量是用于比较变量间简单相关系数和偏相关系数的指标。当所有变量间的简单相关系数平方和远远大于偏相关系数平方和时，KMO 值接近 1。KMO 值越接近于 1，意味着变量间的相关性越强，原有变量越适合做因子分析。当所有变量间的简单相关系数平方和接近 0 时，KMO 值接近 0。KMO 值越接近于 0，意味着变量间的相关性越弱，原有变量越不适合做因子分析。如果巴特利特球形检验的值较大，且其对应的相伴概率值小于指定的显著水平时，表明原有变量之间存在相关性，适合进行因子分析；反之，原有变量之间不存在相关性，数据不适合进行因子分析。因此，进行 KMO 和巴特利特球形检验是确定数据是否适合因子分析的前提。

指标数据经过因子分析，可以在许多指标中找出隐藏的具有代表性的因子，将相同本质的变量归入一个因子，以减少变量的数目。之后将筛选出的指标进行重要性水平计算，重要性水平通过以每个主成分的方差贡献率为权重与候选指标的载荷系数绝对值乘积之和来表示，公式如下：

$$重要性水平 = |L_1| \times Cont1 + |L_2| \times Cont2 + \cdots + |L_n| \times Contn \tag{4-4}$$

式中　　　L_1、$L_2 \cdots L_n$——X_n 的载荷系数；

$Cont1$、$Cont2 \cdots Contn$——各个主成分的方差贡献率。

将重要性水平最高的因子直接纳入主控因子名单，其余指标进行相关性分析，剔除与该因子相关性高的指标，将其余相关性低的指标重复上述步骤（因子分析、重要性水平计算以及相关性分析），最终确定主控因子名单。

4.3　主控因子初始筛选集确定

4.3.1　主控因子初始筛选集数据来源

主控因子初始筛选名单数据来源如表 4-1 所示。

表 4-1　主控因子初始筛选名单数据来源

序号	课题名称	课题编号	研究内容
1	辽河流域有毒有害物污染控制技术与应用示范研究	2012ZX07202—002	①辽河流域典型行业有毒有害污染源清单；②典型行业重污染河段优先控制污染物清单
2	辽河流域水环境风险评估与预警监控平台构建技术示范	2009ZX07528—006	2001—2010 年辽河流域主要污染指标
3	水环境质量监测技术方法研究	2009ZX07527—001	①辽河流域水样中挥发性有机物的测定结果；②辽河流域水样中 28 种金属的测定结果；③辽河流域有机污染物类优控污染物清单
4	水生态环境承载力监测指标体系中监测计算类指标	2018zx	①城市型控制单元的监测计算类指标；②工业型控制单元的监测计算类指标；③农业型控制单元的监测计算类指标

（1）"十一五"辽河流域主要污染物

2010 年，在辽河流域 4 条主要河流辽河、大辽河、浑河、太子河中 26 个干流监测断面中氨氮污染仍然较重，57.7% 的干流和 59.5% 的支流断面氨氮超 V 类水质标准。通过计算有效监测频次的超标率，确定辽河主要污染指标为化学需氧量、氨氮、高锰酸盐指数、五日生化需氧量、石油类和溶解氧（dissolved oxygen，DO）6 项，如图 4-2 所示。

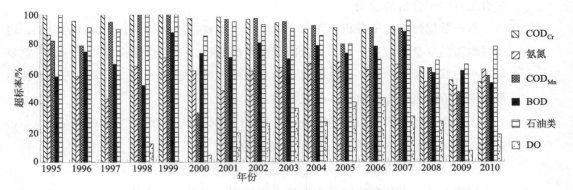

图 4-2   1995—2010 年辽河主要超标指标超标率变化

浑河主要污染指标为氨氮、总磷、化学需氧量、五日生化需氧量、挥发酚、溶解氧和阴离子表面活性剂 7 项，如图 4-3 所示。

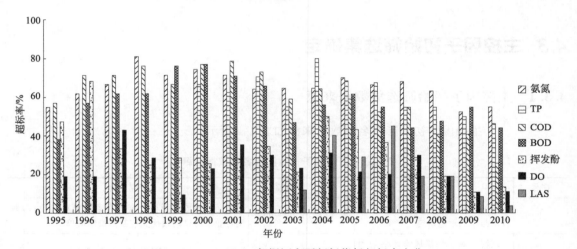

图 4-3   1995—2010 年浑河主要超标指标超标率变化

太子河主要污染指标为氨氮、化学需氧量、五日生化需氧量、溶解氧、挥发酚、总磷和阴离子表面活性剂 7 项，如图 4-4 所示。

大辽河主要污染指标为氨氮、高锰酸盐指数、溶解氧、五日生化需氧量、总磷 5 项，如图 4-5 所示。

（2）"十二五"辽河流域主要污染物（重点工业行业污染指标）

2015 年，浑太流域各出市断面化学需氧量、氨氮、总磷浓度是入市断面的 0.2～7.7 倍，氨氮和总磷是主要超标指标，表现出明显的生活污水污染特征。

2014 年和 2015 年受严重旱情影响，浑河和太子河干流甚至出现丰水期断流现象，枯水期浑河抚顺段和太子河本溪段干流流量均在 7m³/s 以下，河道内全部为排放的工业废水和生活污水。枯水期城市河段难以达标，成为辽河流域水质污染主要问题。由于辽河流域多流经工业地区，对工业废水中污染物的监测非常重要。

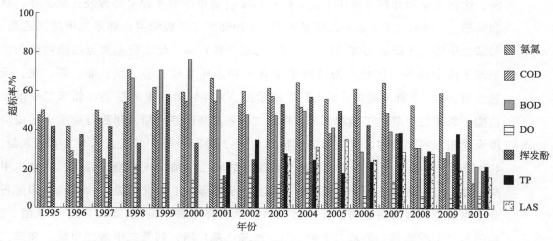

图 4-4　1995—2010 年太子河主要超标指标超标率变化

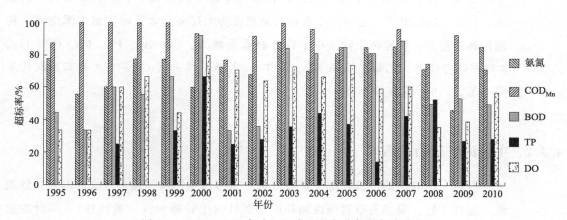

图 4-5　1995—2010 年大辽河主要超标指标超标率变化

结合"十一五"流域污染情况,将重点工业行业污染监测指标进行了优化,重点工业行业污染监测指标名单如表 4-2 所示。

表 4-2　重点工业行业污染监测指标名单

行业类别	监测指标
造纸行业	COD、可吸附有机卤化物(AOX)、挥发酚、悬浮物、油类、氯化物、氨氮
冶金行业	COD、氰化物、悬浮物、重金属、挥发酚、氨氮、六价铬、锌、油类
石油化工行业	COD、悬浮物、油类、挥发酚、挥发性氯代烃、总有机碳、苯系物、氯化物、重金属、苯并[a]芘、氨氮
化工行业	COD、悬浮物、油类、色度、总有机碳、苯系物、氯化物、氰化物、氨氮

(3) 优控污染物清单

综合考虑中国水体优先控制污染物和美国 FDA 优先控制污染物,获得辽河流域典型行业重点污染河段的优先控制污染物清单。石化行业重点污染河段为东洲河、沈抚灌渠和浑河干流中上游，优控污染物清单中有 4 种多环芳烃：苊、菲、萘和萤蒽。1 种苯酚类：2,4-二甲基苯酚。3 种邻苯二甲酸酯类：邻苯二甲酸二乙酯、邻苯二甲酸二丁酯和邻苯二甲酸二（2-乙基己基）酯。化工行业重点污染河段为太子河干流中游段，优控污染物清单中有 8 种多环芳烃：芴、萘、菲、苊、苊、荧蒽、屈、蒽。1 种苯酚类：2,4-二甲基苯酚。3 种邻苯二甲酸酯类：邻苯二甲酸二乙酯、邻苯二甲酸二丁酯和邻苯二甲酸二（2-乙基己基）酯。制药行业重点污染河段为沈阳细河和蒲河，优控污染物清单中有 2 种苯酚类：苯酚、2,4-二甲基苯酚。4 种邻苯二甲酸酯类：邻苯二甲酸二乙酯、邻苯二甲酸二正辛酯、邻苯二甲酸二甲酯、邻苯二甲酸二正丁酯。1 种硝基苯类：硝基苯。1 种农药类：六六六。印染行业重点污染河段为海城河，优控污染物清单中有 1 种苯酚类：2,4-二甲基苯酚。5 种邻苯二甲酸酯类：邻苯二甲酸二（2-乙基己基）酯、邻苯二甲酸二甲酯、邻苯二甲酸二正丁酯、邻苯二甲酸二乙酯、邻苯二甲酸二正辛酯。2 种硝基苯类：硝基苯、2,4-二硝基甲苯。冶金行业重点污染河段为大辽河和太子河支流本溪细河、杨柳河和运粮河，优控污染物清单中有 6 种重金属类：Cr、As、Pb、Cu、Cd、Hg。3 种多环芳烃类：二苯并$[a,h]$蒽、苯并 $[a]$ 蒽、苯并 $[a]$ 芘。2 种苯及取代苯类：苯、2,6-二硝基甲苯。

4.3.2　主控因子初始筛选集

对以上所列出的污染物逐一进行分析，考虑污染物以下几个方面的因素：致癌性、急性毒性、易燃易爆腐蚀性和环境持久性（生物降解性、累积性），同时按照出现频度以及污染物风险等级列出辽河流域水生态环境承载力主控因子初始名单。保留具有单元特异性的污染指标，最终确定辽河流域水生态环境承载力主控因子初始名单如表 4-3 所示。

表 4-3　主控因子初始名单

一级指标	二级指标	
	水质理化指标	水生态指标
农业型污染指标	溶解氧、高锰酸盐指数、五日生化需氧量、化学需氧量、氨氮、总磷、总氮、农药、叶绿素 a	藻类多样性指数、大型底栖动物多样性指数
城市型污染指标	溶解氧、高锰酸盐指数、五日生化需氧量、化学需氧量、氨氮、总磷、总氮、氟化物、氰化物、硫化物、阴离子表面活性剂、挥发酚、石油类、重金属[铜、锌、硒、砷、汞、镉、铬（六价）、铅]、多环芳烃（PAHs）、挥发酚（苯酚）	
工业型污染指标	溶解氧、高锰酸盐指数、五日生化需氧量、化学需氧量、氨氮、总磷、总氮、阴离子表面活性剂、药品及个人护理品（PPCPs）	

4.4　主控因子名单确定

4.4.1　农业型控制单元

辽河盘锦段亦称双台子河。双台子河由盘山县六间房进入盘锦市，从大洼区赵圈河汇入渤海湾，该区域面源污染负荷大。控制单元内绕阳河从北向南流经阜新地区中部，流域内有 24 个乡，340 个村落，流域面积有 3534km² ，土地利用以农业用地水田、居民用地为主，农业用地占比 49％，河流水质主要以面源污染为主。因此，农业型控制单元的主控因子筛选，以辽河鞍山市控制单元盘锦兴安断面、辽河盘锦市赵圈河控制单元赵圈河断面、辽河盘锦市胜利塘控制单元胜利塘断面的 2016—2019 年河流水质断面监测数据为基础。

（1）KMO 和巴特利特检验结果

对 DO、高锰酸盐指数、BOD、氨氮、COD、总氮、总磷 7 个指标的标准化数据进行 KMO（Kaiser-Meyer-Olkin）检验和巴特利特（Bartlett）球形度检验，结果见表 4-10。

表 4-4　农业型控制单元 KMO 和 Bartlett 球形度检验结果

Kaiser-Meyer-Olkin 检验取样适当性		0.660
Bartlett 的球形度检验	近似卡方	110.821
	自由度(df)	21
	显著性水平(Sig.)	0.000

一般认为 KMO 值大于 0.6（KMO 值在 0～1 之间变化）的适合因子分析，小于 0.5 的不适合因子分析。巴特利特检验是用于检验相关性矩阵是否为单位矩阵，如果是单位矩阵，则不适合因子分析。通过检验可知，数据的 KMO 为 0.660，且巴特利特球形检验结果小于 0.05，表明数据适合因子分析。

（2）因子分析结果

在 SPSS 中将标准化后的数据以因子分析中的主成分分析法进行降维处理，为了更加真实地得到分析数据和图表，利用方差最大正交旋转法对因子载荷矩阵进行旋转，结果见表 4-5、表 4-6。

由表 4-5 可知能提取出三个主成分，累积方差贡献率达到 74.829％，说明其具有很高的代表性。因子荷载小于 0.7 的指标表明在该主成分中，此项指标可以被其他指标替代，重要程度低，因此将表 4-6 中因子荷载小于 0.7 的指标剔除，即剔除在该成分中重要性低的因子 DO，保留重要性高的因子。因此可得到三个主成分。

第一主成分：高锰酸盐指数、BOD、COD。第二主成分：氨氮、总氮。第三主成分：总磷。

表 4-5　农业型控制单元解释的总方差（第 1 次迭代）

成分	初始特征值			提取平方和载入			旋转平方和载入		
	合计	方差/%	累积/%	合计	方差/%	累积/%	合计	方差/%	累积/%
1	2.960	42.290	42.290	2.960	42.290	42.290	2.483	35.467	35.467
2	1.209	17.274	59.564	1.209	17.274	59.564	1.666	23.806	59.273
3	1.069	15.265	74.829	1.069	15.265	74.829	1.089	15.556	74.829
4	0.781	11.154	85.983						
5	0.437	6.239	92.222						
6	0.348	4.977	97.198						
7	0.196	2.802	100.000						

表 4-6　农业型控制单元旋转成分矩阵（第 1 次迭代）

指标名称	成分		
	1	2	3
DO	−0.477	0.515	−0.355
高锰酸盐指数	0.874	−0.077	−0.155
BOD	0.780	−0.355	0.184
氨氮	0.083	0.788	0.227
COD	0.874	−0.007	−0.160
总氮	−0.302	0.800	−0.065
总磷	−0.142	0.091	0.908

（3）重要性水平计算结果

将 DO 指标去除后，对剩余指标（高锰酸盐指数、BOD、COD、氨氮、总氮、总磷）进行重要性水平计算（每个主成分的方差贡献率为权重与候选指标的载荷系数绝对值乘积之和计算出各因子的重要性水平），结果见表 4-7。

表 4-7　农业型控制单元重要性水平计算（第 1 次迭代）

具体指标	Cont1	Cont2	Cont3	重要性水平
方差贡献率	0.355	0.593	0.748	—
高锰酸盐指数	0.874	−0.077	−0.155	0.472
BOD	0.780	−0.355	0.184	0.625
COD	0.874	−0.007	−0.160	0.434
氨氮	0.083	0.788	0.227	0.667
总氮	−0.302	0.800	−0.065	0.630
总磷	−0.142	0.091	0.908	0.784

由表 4-7 可知，高锰酸盐指数、COD 的重要性水平较低，分别为 0.472、

0.434，BOD、氨氮、总氮的重要性水平相差不大，均在 0.6～0.7 之间。总磷的重要性水平最高，为 0.784，显著高于高锰酸盐指数、BOD、COD、氨氮、总氮的重要性水平，因此将总磷直接纳入主控因子名单。

（4）相关性分析

对上述进行重要性水平计算的指标（高锰酸盐指数、BOD、COD、氨氮、总氮、总磷）进行 Pearson 相关性分析。以显著性系数 0.6 作为分界值，高于 0.6 的因子相关性较高。根据表 4-8 的相关性分析结果，总磷与其余各项指标相关性极低，因此将高锰酸盐指数、BOD、COD、氨氮、总氮再次进行因子分析。

表 4-8　农业型控制单元相关性分析结果（第 1 次迭代）

	指标	高锰酸盐指数	BOD	氨氮	COD	总氮	总磷
高锰酸盐指数	Pearson 相关性	1	0.572[①]	−0.036	0.701[①]	−0.308[②]	−0.220
	显著性（双侧）		0.000	0.803	0.000	0.028	0.121
	自由度	51	51	51	51	51	51
BOD	Pearson 相关性	0.572[①]	1	−0.205	0.645[①]	−0.460[①]	0.014
	显著性（双侧）	0.000		0.149	0.000	0.001	0.921
	自由度	51	51	51	51	51	51
氨氮	Pearson 相关性	−0.036	−0.205	1	−0.135	0.369[①]	0.085
	显著性（双侧）	0.803	0.149		0.346	0.008	0.555
	自由度	51	51	51	51	51	51
COD	Pearson 相关性	0.701[①]	0.645[①]	−0.135	1	−0.141	−0.169
	显著性（双侧）	0.000	0.000	0.346		0.323	0.236
	自由度	51	51	51	51	51	51
总氮	Pearson 相关性	−0.308[②]	−0.460[①]	0.369[①]	−0.141	1	0.092
	显著性（双侧）	0.028	0.001	0.008	0.323		0.523
	自由度	51	51	51	51	51	51
总磷	Pearson 相关性	−0.220	0.014	0.085	−0.169	0.092	1
	显著性（双侧）	0.121	0.921	0.555	0.236	0.523	
	自由度	51	51	51	51	51	51

①在 0.01 水平（双侧）上显著相关。
②在 0.05 水平（双侧）上显著相关。

（5）迭代优选

高锰酸盐指数、BOD、COD、氨氮、总氮分析结果见表 4-9、表 4-10。可知能提取出两个主成分，第一主成分为高锰酸盐指数、BOD 和 COD，第二主成分为氨氮和总氮。将高锰酸盐指数、BOD、COD、氨氮、总氮全部进行重要性水平计算，结果见表 4-11。

可知总氮的重要性水平最高，因此将总氮直接列入主控因子名单。将高锰酸盐指数、BOD、COD、氨氮、总氮进行相关性分析，见表 4-12。由表可知总氮与其余各项指标的相关性均比较低，因此将氨氮、高锰酸盐指数、BOD、COD 再次进行因子分析。

表 4-9　农业型控制单元解释的总方差（第 2 次迭代）

成分	初始特征值			提取平方和载入			旋转平方和载入		
	合计	方差/%	累积/%	合计	方差/%	累积/%	合计	方差/%	累积/%
1	2.540	50.792	50.792	2.540	50.792	50.792	2.281	45.625	45.625
2	1.193	23.870	74.662	1.193	23.870	74.662	1.452	29.037	74.662
3	0.666	13.318	87.980						
4	0.394	7.889	95.869						
5	0.207	4.131	100.000						

表 4-10　农业型控制单元旋转成分矩阵（第 2 次迭代）

指标名称	成分	
	1	2
高锰酸盐指数	0.885	−0.050
BOD	0.790	−0.354
氨氮	0.028	0.844
COD	0.897	−0.026
总氮	−0.264	0.782

表 4-11　农业型控制单元重要性水平计算（第 2 次迭代）

具体指标	Cont1	Cont2	重要性水平
方差贡献率	0.456	0.747	—
高锰酸盐指数	0.885	−0.050	0.441
BOD	0.790	−0.354	0.625
氨氮	0.028	0.844	0.643
COD	0.897	−0.026	0.428
总氮	−0.264	0.782	0.705

表 4-12　农业型控制单元相关性分析结果（第 2 次迭代）

	指标	高锰酸盐指数	BOD	氨氮	COD	总氮
高锰酸盐指数	Pearson 相关性	1	0.572[①]	−0.036	0.701[①]	−0.308[②]
	显著性（双侧）		0.000	0.803	0.000	0.028
	自由度	51	51	51	51	51
BOD	Pearson 相关性	0.572[①]	1	−0.205	0.645[①]	−0.460[①]
	显著性（双侧）	0.000		0.149	0.000	0.001
	自由度	51	51	51	51	51

续表

指标		高锰酸盐指数	BOD	氨氮	COD	总氮
氨氮	Pearson 相关性	−0.036	−0.205	1	−0.135	0.369[①]
	显著性（双侧）	0.803	0.149		0.346	0.008
	自由度	51	51	51	51	51
COD	Pearson 相关性	0.701[①]	0.645[①]	−0.135	1	−0.141
	显著性（双侧）	0.000	0.000	0.346		0.323
	自由度	51	51	51	51	51
总氮	Pearson 相关性	−0.308[②]	−0.460[①]	0.369[①]	−0.141	1
	显著性（双侧）	0.028	0.001	0.008	0.323	
	自由度	51	51	51	51	51

①在 0.01 水平（双侧）上显著相关。
②在 0.05 水平（双侧）上显著相关。

　　氨氮、高锰酸盐指数、BOD、COD 的因子分析结果见表 4-13、表 4-14。可知能提取出一个主成分：氨氮、高锰酸盐指数、BOD、COD。

表 4-13　农业型控制单元解释的总方差（第 3 次迭代）

成分	初始特征值			提取平方和载入		
	合计	方差/%	累积/%	合计	方差/%	累积/%
1	2.315	57.878	57.878	2.315	57.878	57.878
2	0.991	24.767	82.645			
3	0.411	10.274	92.919			
4	0.283	7.081	100.000			

表 4-14　农业型控制单元旋转成分矩阵（第 3 次迭代）

指标名称	成分
	1
氨氮	−0.247
高锰酸盐	0.854
COD	0.897
BOD	0.849

　　将氨氮、高锰酸盐指数、BOD、COD 进行重要性水平计算，结果见表 4-15。可知 COD 的重要性水平最高，因此直接将 COD 纳入主控因子名单。将高锰酸盐指数、BOD、COD、氨氮进行相关性分析，结果见表 4-16。

　　可知 COD 与高锰酸盐指数、BOD 的相关性高，与氨氮的相关性极低，因此剔除相关性高的高锰酸盐指数、BOD，将相关性低的氨氮纳入主控因子名单。

综上所述，按照 4.2 所述主控因子筛选技术方法，对 DO、高锰酸盐指数、BOD、氨氮、COD、总氮、总磷 7 个指标数据，经 3 次迭代优化，筛选出农业型控制单元的主控因子为总磷、总氮、COD、氨氮。

表 4-15　农业型控制单元重要性水平计算（第 3 次迭代）

具体指标	Cont1	重要性水平
方差贡献率	0.579	—
氨氮	−0.247	0.143
高锰酸盐指数	0.854	0.494
COD	0.897	0.519
BOD	0.849	0.492

表 4-16　农业型控制单元相关性分析结果（第 3 次迭代）

指标		高锰酸盐指数	BOD	COD
高锰酸盐指数	Pearson 相关性	1	0.572[①]	0.701[①]
	显著性（双侧）		0.000	0.000
	自由度	51	51	51
BOD	Pearson 相关性	0.572[①]	1	0.645[①]
	显著性（双侧）	0.000		0.000
	自由度	51	51	51
COD	Pearson 相关性	0.701[①]	0.645[①]	1
	显著性（双侧）	0.000	0.000	
	自由度	51	51	51

①在 0.01 水平（双侧）上显著相关。

4.4.2　工业型控制单元

辽河铁岭段主要以工业点源污染为主，其中石油类、挥发酚、汞、铅、总磷、铜、锌、氟化物、硒、砷、镉、六价铬、氰化物、阴离子表面活性剂、硫化物等污染物浓度需要重点监控。浑河流经的城市主要为沈阳和抚顺，属于典型的受控河流，周边企业种类众多，矿业、制药业、重工业等分布密集。因此工业型控制单元的主控因子筛选以辽河铁岭市控制单元珠尔山断面、亮子河铁岭市控制单元亮子河入河口断面、浑河抚顺市控制单元古城河口断面的 2016—2019 年河流断面水质监测数据为基础。

（1）KMO 和 Bartlett 检验结果

KMO 和 Bartlett 球形度检验结果见表 4-17，KMO 值为 0.756 大于 0.6，Bartlett 检验值为 0.000，因此数据适用于因子分析。

表 4-17　工业型控制单元 KMO 和 Bartlett 球形度检验结果

Kaiser-Meyer-Olkin 检验取样适当性		0.756
Bartlett 的球形度检验	近似卡方	1834.589
	自由度(df)	190
	显著性水平(Sig.)	0.000

（2）因子分析结果

DO、高锰酸盐指数、BOD、氨氮、石油类、挥发酚、汞、铅、COD、总磷、铜、锌、氟化物、硒、砷、镉、六价铬、氰化物、阴离子表面活性剂、硫化物等指标的因子分析结果见表 4-18、表 4-19。

表 4-18　工业型控制单元解释的总方差（第 1 次迭代）

成分	初始特征值			提取平方和载入			旋转平方和载入		
	合计	方差/%	累积/%	合计	方差/%	累积/%	合计	方差/%	累积/%
1	5.48	27.434	27.434	5.48	27.434	27.434	4.151	20.757	20.757
2	3.33	16.685	44.119	3.33	16.685	44.119	3.589	17.943	38.700
3	2.36	11.842	55.961	2.36	11.842	55.961	2.702	13.511	52.211
4	1.24	6.220	62.181	1.24	6.220	62.181	1.539	7.696	59.907
5	1.06	5.340	67.521	1.06	5.340	67.521	1.458	7.290	67.196
6	1.01	5.071	72.592	1.01	5.071	72.592	1.079	5.396	72.592
7	0.95	4.761	77.353						
8	0.80	4.030	81.383						
9	0.711	3.555	84.938						
10	0.67	3.372	88.310						
11	0.57	2.851	91.161						
12	0.41	2.094	93.255						
13	0.34	1.731	94.986						
14	0.31	1.582	96.568						

表 4-19　工业型控制单元旋转成分矩阵（第 1 次迭代）

指标名称	成分					
	1	2	3	4	5	6
DO	0.061	0.010	−0.065	0.883	0.001	0.159
高锰酸盐指数	−0.277	0.861	−0.038	−0.059	0.023	0.111
BOD	−0.140	0.920	0.000	0.053	0.001	0.001
氨氮	−0.065	0.531	0.011	0.629	0.011	−0.367
石油类	0.613	0.035	−0.024	0.127	0.296	0.090

续表

指标名称	成分					
	1	2	3	4	5	6
挥发酚	0.196	0.197	−0.180	0.052	0.541	0.380
汞	−0.575	0.165	0.713	−0.004	−0.226	−0.050
铅	−0.880	0.190	0.302	0.057	−0.194	−0.077
COD	−0.086	0.878	0.099	0.006	0.007	0.035
总磷	−0.002	0.784	0.031	0.429	0.009	−0.210
铜	0.114	−0.160	−0.133	−0.041	0.657	−0.022
锌	0.059	0.010	0.835	−0.050	−0.136	0.026
氟化物	0.242	−0.086	−0.070	−0.018	−0.059	0.601
硒	0.805	−0.128	0.424	−0.080	−0.012	0.067
砷	0.731	−0.183	0.289	0.022	0.061	−0.020
镉	−0.891	0.190	0.287	0.053	−0.156	−0.072
六价铬	−0.320	0.229	0.191	0.358	0.075	0.507
氰化物	0.126	−0.007	0.774	0.036	−0.208	−0.009
阴离子表面活性剂	0.328	0.232	−0.146	0.070	0.600	−0.320
硫化物	0.493	−0.063	−0.575	0.044	−0.312	0.133

根据因子分析结果可知，数据的累积方差贡献率达到 72.592%，表明该数据具有很高的代表性。由表 4-19 可知，因子经过旋转后可提取出六个主成分。第一主成分中石油类、铅、硒、砷、镉的因子荷载的绝对值均大于 0.6，表明其在第一主成分的重要程度较高；第二主成分中高锰酸盐指数、BOD、COD、总磷的因子荷载均大于 0.6，表明其在第二主成分的重要程度较高；第三主成分中锌、氰化物的因子荷载大于 0.6；第四主成分中 DO、氨氮的因子荷载大于 0.6；第五主成分中铜、阴离子表面活性剂的因子荷载大于 0.6；第六主成分中只有氟化物的因子荷载大于 0.6。因此可得到六个主成分。第一主成分：石油类、铅、硒、砷、镉；第二主成分：高锰酸盐指数、BOD、COD、总磷；第三主成分：锌、氰化物；第四主成分：DO、氨氮；第五主成分：铜、阴离子表面活性剂；第六主成分：氟化物。

（3）重要性水平计算结果

重要性水平计算结果如表 4-20 所示。

表 4-20　工业型控制单元重要性水平计算结果（第 1 次迭代）

具体指标	Cont1	Cont2	Cont3	Cont4	Cont5	Cont6	重要性水平
方差贡献率	0.208	0.387	0.522	0.599	0.672	0.726	—
DO	0.061	0.010	−0.065	0.883	0.001	0.159	0.696
高锰酸盐指数	−0.277	0.861	−0.038	−0.059	0.023	0.111	0.542

续表

具体指标	Cont1	Cont2	Cont3	Cont4	Cont5	Cont6	重要性水平
BOD	−0.140	0.920	0.000	0.053	0.001	0.001	0.418
氨氮	−0.065	0.531	0.011	0.629	0.011	−0.367	0.875
石油类	0.613	0.035	−0.024	0.127	0.296	0.090	0.494
铅	−0.880	0.190	0.302	0.057	−0.194	−0.077	0.635
COD	−0.086	0.878	0.099	0.006	0.007	0.035	0.443
总磷	−0.002	0.784	0.031	0.429	0.009	−0.210	0.735
铜	0.114	−0.160	−0.133	−0.041	0.657	−0.022	0.636
锌	0.059	0.010	0.835	−0.050	−0.136	0.026	0.592
氟化物	0.242	−0.086	−0.070	−0.018	−0.059	0.601	0.607
硒	0.805	−0.128	0.424	−0.080	−0.012	0.067	0.543
砷	0.731	−0.183	0.289	0.022	0.061	−0.020	0.442
镉	−0.891	0.190	0.287	0.053	−0.156	−0.072	0.598
氰化物	0.126	−0.007	0.774	0.036	−0.208	−0.009	0.601
阴离子表面活性剂	0.328	0.232	−0.146	0.070	0.600	−0.320	0.912

由表 4-20 可以看出，阴离子表面活性剂的重要性水平最高，因此直接将阴离子表面活性剂纳入主控因子名单。

（4）相关性分析

对上述参与重要性水平计算的指标（石油类、铅、硒、砷、镉、高锰酸盐指数、BOD、COD、总磷、锌、氰化物、DO、氨氮、铜、阴离子表面活性剂、氟化物）进行 Pearson 相关性分析。以显著性系数 0.6 作为分界值，高于 0.6 的因子相关性较高。相关性分析结果见表 4-21、表 4-22。

表 4-21　工业型控制单元相关性分析结果（第 1 次迭代）（一）

指标		DO	高锰酸盐指数	BOD	氨氮	石油类	铅	COD	总磷
DO	Pearson 相关性	1	0.002	0.092	0.372①	0.162	−0.027	0.085	0.293①
	显著性（双侧）		0.984	0.337	0.000	0.092	0.779	0.377	0.002
	自由度	110	110	110	110	110	110	110	110
高锰酸盐指数	Pearson 相关性	0.002	1	0.782①	0.395①	−0.141	0.378①	0.759①	0.575①
	显著性（双侧）	0.984		0.000	0.000	0.142	0.000	0.000	0.000
	自由度	110	110	110	110	110	110	110	110

续表

指标		DO	高锰酸盐指数	BOD	氨氮	石油类	铅	COD	总磷
BOD	Pearson 相关性	0.092	0.782①	1	0.469①	−0.054	0.303①	0.768①	0.773①
	显著性（双侧）	0.337	0.000		0.000	0.573	0.001	0.000	0.000
	自由度	110	110	110	110	110	110	110	110
氨氮	Pearson 相关性	0.372①	0.395①	0.469①	1	−0.049	0.211②	0.416①	0.782①
	显著性（双侧）	0.000	0.000	0.000		0.611	0.027	0.000	0.000
	自由度	110	110	110	110	110	110	110	110
石油类	Pearson 相关性	0.162	−0.141	−0.054	−0.049	1	−0.517①	0.006	0.032
	显著性（双侧）	0.092	0.142	0.573	0.611		0.000	0.948	0.740
	自由度	110	110	110	110	110	110	110	110
铅	Pearso 相关性	−0.027	0.378①	0.303①	0.211②	−0.517①	1	0.261①	0.198②
	显著性（双侧）	0.779	0.000	0.001	0.027	0.000		0.006	0.038
	自由度	110	110	110	110	110	110	110	110
COD	Pearson 相关性	0.085	0.759①	0.768①	0.416①	0.006	0.261①	1	0.609①
	显著性（双侧）	0.377	0.000	0.000	0.000	0.948	0.006		0.000
	自由度	110	110	110	110	110	110	110	110
总磷	Pearson 相关性	0.293①	0.575①	0.773①	0.782①	0.032	0.198②	0.609①	1
	显著性（双侧）	0.002	0.000	0.000	0.000	0.740	0.038	0.000	
	自由度	110	110	110	110	110	110	110	110
铜	Pearso 相关性	−0.003	−0.073	−0.112	−0.072	0.146	−0.303①	−0.133	−0.062
	显著性（双侧）	0.976	0.449	0.244	0.454	0.129	0.001	0.167	0.519
	自由度	110	110	110	110	110	110	110	110

续表

指标		DO	高锰酸盐指数	BOD	氨氮	石油类	铅	COD	总磷
锌	Pearson 相关性	−0.072	−0.028	0.006	−0.002	−0.097	0.206②	0.045	0.023
	显著性（双侧）	0.454	0.769	0.948	0.980	0.315	0.031	0.639	0.808
	自由度	110	110	110	110	110	110	110	110
氟化物	Pearson 相关性	0.068	−0.129	−0.111	−0.173	0.119	−0.234②	−0.107	−0.075
	显著性（双侧）	0.478	0.180	0.250	0.070	0.214	0.014	0.264	0.437
	自由度	110	110	110	110	110	110	110	110
硒	Pearson 相关性	0.034	−0.344①	−0.242②	−0.166	0.351①	−0.641①	−0.138	−0.149
	显著性（双侧）	0.725	0.000	0.011	0.083	0.000	0.000	0.150	0.121
	自由度	110	110	110	110	110	110	110	110
砷	Pearson 相关性	0.042	−0.314①	−0.270①	−0.143	0.415①	−0.568①	−0.161	−0.122
	显著性（双侧）	0.660	0.001	0.004	0.136	0.000	0.000	0.093	0.203
	自由度	110	110	110	110	110	110	110	110
镉	Pearson 相关性	−0.028	0.385①	0.304①	0.209②	−0.511①	0.995①	0.260①	0.199②
	显著性（双侧）	0.775	0.000	0.001	0.028	0.000	0.000	0.006	0.038
	自由度	110	110	110	110	110	110	110	110
氰化物	Pearson 相关性	0.032	−0.065	−0.012	0.009	0.050	0.175	0.023	0.019
	显著性（双侧）	0.744	0.501	0.898	0.929	0.601	0.068	0.813	0.845
	自由度	110	110	110	110	110	110	110	110
阴离子表面活性剂	Pearson 相关性	0.031	0.060	0.136	0.250①	0.315①	−0.356①	0.138	0.216②
	显著性（双侧）	0.752	0.534	0.157	0.008	0.001	0.000	0.151	0.023
	自由度	110	110	110	110	110	110	110	110

① 在 0.01 水平（双侧）上显著相关。

② 在 0.05 水平（双侧）上显著相关。

表 4-22 工业型控制单元相关性分析结果（第 1 次迭代）（二）

指标		铜	锌	氟化物	硒	砷	镉	氰化物	阴离子表面活性剂
DO	Pearson 相关性	−0.003	−0.072	0.068	−0.034	0.042	−0.028	−0.032	0.031
	显著性（双侧）	0.976	0.454	0.478	0.725	0.660	0.775	0.744	0.752
	自由度	110	110	110	110	110	110	110	110
高锰酸盐指数	Pearson 相关性	−0.073	−0.028	−0.129	−0.344①	−0.314①	0.385①	−0.065	0.060
	显著性（双侧）	0.449	0.769	0.180	0.000	0.001	0.000	0.501	0.534
	自由度	110	110	110	110	110	110	110	110
BOD	Pearson 相关性	−0.112	0.006	−0.111	−0.242②	−0.270①	0.304①	−0.012	0.136
	显著性（双侧）	0.244	0.948	0.250	0.011	0.004	0.001	0.898	0.157
	自由度	110	110	110	110	110	110	110	110
氨氮	Pearson 相关性	−0.072	−0.002	−0.173	−0.166	−0.143	0.209②	0.009	0.250①
	显著性（双侧）	0.454	0.980	0.070	0.083	0.136	0.028	0.929	0.008
	自由度	110	110	110	110	110	110	110	110
石油类	Pearson 相关性	0.146	−0.097	0.119	0.351①	0.415①	−0.511①	0.050	0.315①
	显著性（双侧）	0.129	0.315	0.214	0.000	0.000	0.000	0.601	0.001
	自由度	110	110	110	110	110	110	110	110
铅	Pearson 相关性	−0.303①	0.206②	−0.234②	−0.641①	−0.568①	0.995①	0.175	−0.356①
	显著性（双侧）	0.001	0.031	0.014	0.000	0.000	0.000	0.068	0.000
	自由度	110	110	110	110	110	110	110	110
COD	Pearson 相关性	−0.133	0.045	−0.107	−0.138	−0.161	0.260①	0.023	0.138
	显著性（双侧）	0.167	0.639	0.264	0.150	0.093	0.006	0.813	0.151
	自由度	110	110	110	110	110	110	110	110
总磷	Pearson 相关性	−0.062	0.023	−0.075	−0.149	−0.122	0.199②	0.019	0.216②
	显著性（双侧）	0.519	0.808	0.437	0.121	0.203	0.038	0.845	0.023
	自由度	110	110	110	110	110	110	110	110

续表

指标		铜	锌	氟化物	硒	砷	镉	氰化物	阴离子表面活性剂
铜	Pearson 相关性	1	−0.164	0.077	0.066	0.155	−0.275①	−0.168	0.196②
	显著性（双侧）		0.086	0.426	0.496	0.107	0.004	0.079	0.041
	自由度	110	110	110	110	110	110	110	110
锌	Pearson 相关性	−0.164	1	−0.033	0.389①	0.240②	0.203②	0.514①	−0.213②
	显著性（双侧）	0.086		0.733	0.000	0.012	0.033	0.000	0.026
	自由度	110	110	110	110	110	110	110	110
氟化物	Pearson 相关性	0.077	−0.033	1	0.158	0.167	−0.238②	−0.043	−0.013
	显著性（双侧）	0.426	0.733		0.099	0.081	0.012	0.658	0.896
	自由度	110	110	110	110	110	110	110	110
硒	Pearson 相关性	0.066	0.389①	0.158	1	0.641①	−0.662①	0.397①	0.143
	显著性（双侧）	0.496	0.000	0.099		0.000	0.000	0.000	0.135
	自由度	110	110	110	110	110	110	110	110
砷	Pearson 相关性	0.155	0.240②	0.167	0.641①	1	−0.575①	0.178	0.144
	显著性（双侧）	0.107	0.012	0.081	0.000		0.000	0.062	0.133
	自由度	110	110	110	110	110	110	110	110
镉	Pearson 相关性	−0.275①	0.203②	−0.238②	−0.662①	−0.575①	1	0.146	−0.343①
	显著性（双侧）	0.004	0.033	0.012	0.000	0.000		0.128	0.000
	自由度	110	110	110	110	110	110	110	110
氰化物	Pearson 相关性	−0.168	0.514①	−0.043	0.397①	0.178	0.146	1	−0.166
	显著性（双侧）	0.079	0.000	0.658	0.000	0.062	0.128		0.083
	自由度	110	110	110	110	110	110	110	110
阴离子表面活性剂	Pearson 相关性	0.196②	−0.213②	−0.013	0.143	0.144	−0.343①	−0.166	1
	显著性（双侧）	0.041	0.026	0.896	0.135	0.133	0.000	0.083	
	自由度	110	110	110	110	110	110	110	110

① 在 0.01 水平（双侧）上显著相关。

② 在 0.05 水平（双侧）上显著相关。

根据表 4-21、4-22 的相关性分析结果可知，阴离子表面活性剂与石油类、铅、硒、砷、镉、高锰酸盐指数、BOD、COD、总磷、锌、氰化物、DO、氨氮、铜、氟化物的相关性因子分别为 0.315、−0.356、0.143、0.144、−0.343、0.060、0.136、0.138、0.216、−0.213、−0.166、0.031、0.250、0.196、−0.013，均低于 0.6，表明阴离子表面活性剂与其余各项指标的相关性水平较低，因此，将石油类、铅、硒、砷、镉、高锰酸盐指数、BOD、COD、总磷、锌、氰化物、DO、氨氮、铜、氟化物再次进行因子分析。

（5）迭代优选

DO、高锰酸盐指数、BOD、氨氮、石油类、铅、COD、总磷、铜、锌、氟化物、硒、砷、镉、氰化物的因子分析结果见表 4-23、表 4-24。

将旋转后荷载值小于 0.7 的指标剔除，即剔除氨氮、石油类、铜、氟化物，因此可得到四个主成分。第一主成分：铅、硒、砷、镉；第二主成分：高锰酸盐指数、BOD、COD、总磷；第三主成分：锌、氰化物；第四主成分：DO。

对旋转后荷载值大于 0.7 的指标（DO、高锰酸盐指数、BOD、铅、COD、总磷、锌、硒、砷、镉、氰化物）进行重要性水平计算，结果见表 4-25。

由表可知总磷的重要性水平最高，总磷与 BOD 的相关性较高，通过计算，总磷的重要性水平最高，因此剔除 BOD，将总磷纳入主控因子名单。对 DO、高锰酸盐指数、BOD、铅、COD、总磷、锌、硒、砷、镉、氰化物再次进行因子分析。相关性分析结果见表 4-26、表 4-27。

表 4-23 工业型控制单元解释的总方差（第 2 次迭代）

成分	初始特征值			提取平方和载入			旋转平方和载入		
	合计	方差	累积%	合计	方差	累积%	合计	方差	累积%
1	4.670	31.133	31.133	4.67	31.133	31.133	3.572	23.813	23.813
2	2.598	17.319	48.452	2.59	17.319	48.452	3.362	22.411	46.224
3	2.003	13.354	61.806	2.00	13.354	61.806	2.007	13.379	59.603
4	1.182	7.879	69.685	1.18	7.879	69.685	1.512	10.082	69.685
5	0.950	6.336	76.021						
6	0.855	5.700	81.721						
7	0.687	4.580	86.301						
8	0.537	3.577	89.878						
9	0.472	3.144	93.022						
10	0.371	2.474	95.497						
11	0.260	1.736	97.232						
12	0.211	1.405	98.637						
13	0.117	0.782	99.419						

续表

成分	初始特征值			提取平方和载入			旋转平方和载入		
	合计	方差	累积%	合计	方差	累积%	合计	方差	累积%
14	0.083	0.554	99.973						
15	0.004	0.027	100.000						

表 4-24 工业型控制单元旋转成分矩阵（第 2 次迭代）

指标	成分			
	1	2	3	4
DO	0.078	−0.017	−0.047	0.877
高锰酸盐指数	−0.261	0.866	−0.086	−0.065
BOD	−0.156	0.912	−0.015	0.090
氨氮	−0.120	0.517	0.032	0.671
石油类	0.678	0.056	−0.023	0.144
铅	−0.921	0.180	0.193	0.051
COD	−0.083	0.887	0.056	0.018
总磷	−0.037	0.780	0.037	0.484
铜	0.340	−0.032	−0.350	−0.087
锌	−0.050	0.019	0.851	−0.072
氟化物	0.296	−0.110	−0.077	−0.006
硒	0.745	−0.123	0.523	−0.092
砷	0.730	−0.141	0.334	0.005
镉	−0.922	0.183	0.168	0.048
氰化物	−0.007	−0.011	0.829	0.011

表 4-25 工业型控制单元重要性水平计算（第 2 次迭代）

具体指标	Cont1	Cont2	Cont3	Cont4	重要性水平
方差贡献率	0.238	0.462	0.596	0.697	—
DO	0.078	−0.017	−0.047	0.877	0.666
高锰酸盐指数	−0.261	0.866	−0.086	−0.065	0.559
BOD	−0.156	0.912	−0.015	0.090	0.530
铅	−0.921	0.180	0.193	0.051	0.453
COD	−0.083	0.887	0.056	0.018	0.475
总磷	−0.037	0.780	0.037	0.484	0.729
锌	−0.050	0.019	0.851	−0.072	0.578
硒	0.745	−0.123	0.523	−0.092	0.610
砷	0.730	−0.141	0.334	0.005	0.441
镉	−0.922	0.183	0.168	0.048	0.438
氰化物	−0.007	−0.011	0.829	0.011	0.508

表 4-26 工业型控制单元相关性分析结果（第 2 次迭代）（一）

指标		DO	高锰酸盐指数	BOD	铅	COD	总磷
DO	Pearson 相关性	1	0.002	0.092	−0.027	0.085	0.293①
	显著性（双侧）		0.984	0.337	0.779	0.377	0.002
	自由度	110	110	110	110	110	110
高锰酸盐指数	Pearson 相关性	0.002	1	0.782①	0.378①	0.759①	0.575①
	显著性（双侧）	0.984		0.000	0.000	0.000	0.000
	自由度	110	110	110	110	110	110
BOD	Pearson 相关性	0.092	0.782①	1	0.303①	0.768①	0.773①
	显著性（双侧）	0.337	0.000		0.001	0.000	0.000
	自由度	110	110	110	110	110	110
铅	Pearson 相关性	−0.027	0.378①	0.303①	1	0.261①	0.198②
	显著性（双侧）	0.779	0.000	0.001		0.006	0.038
	自由度	110	110	110	110	110	110
COD	Pearson 相关性	0.085	0.759①	0.768①	0.261①	1	0.599①
	显著性（双侧）	0.377	0.000	0.000	0.006		0.000
	自由度	110	110	110	110	110	110
总磷	Pearson 相关性	0.293①	0.575①	0.773①	0.198②	0.599①	1
	显著性（双侧）	0.002	0.000	0.000	0.038	0.000	
	自由度	110	110	110	110	110	110
锌	Pearson 相关性	−0.072	−0.028	0.006	0.206②	0.045	0.023
	显著性（双侧）	0.454	0.769	0.948	0.031	0.639	0.808
	自由度	110	110	110	110	110	110
砷	Pearson 相关性	0.042	−0.314①	−0.270①	−0.568①	−0.161	−0.122
	显著性（双侧）	0.660	0.001	0.004	0.000	0.093	0.203
	自由度	110	110	110	110	110	110
镉	Pearson 相关性	−0.028	0.385①	0.304①	0.995①	0.260①	0.199②
	显著性（双侧）	0.775	0.000	0.001	0.000	0.006	0.038
	自由度	110	110	110	110	110	110
氰化物	Pearson 相关性	−0.032	−0.065	−0.012	0.175	0.023	0.019
	显著性（双侧）	0.744	0.501	0.898	0	0.813	0.845
	自由度	110	110	110	110	110	110

① 在 0.01 水平（双侧）上显著相关。

② 在 0.05 水平（双侧）上显著相关。

表 4-27 工业型控制单元相关性分析结果（第 2 次迭代）（二）

指标		锌	硒	砷	镉	氰化物
DO	Pearson 相关性	−0.072	−0.034	0.042	−0.028	−0.032
	显著性（双侧）	0.454	0.725	0.660	0.775	0.744
	自由度	110	110	110	110	110

指标		锌	硒	砷	镉	氰化物
高锰酸盐指数	Pearson 相关性	−0.028	−0.344①	−0.314①	0.385①	−0.065
	显著性（双侧）	0.769	0.000	0.001	0.000	0.501
	自由度	110	110	110	110	110
BOD	Pearson 相关性	0.006	−0.242②	−0.270①	0.304①	−0.012
	显著性（双侧）	0.948	0.011	0.004	0.001	0.898
	自由度	110	110	110	110	110
铅	Pearson 相关性	0.206②	−0.641①	−0.568①	0.995①	0.175
	显著性（双侧）	0.031	0.000	0.000	0.000	0.068
	自由度	110	110	110	110	110
COD	Pearson 相关性	0.045	−0.138	−0.161	0.260①	0.023
	显著性（双侧）	0.639	0.150	0.093	0.006	0.813
	自由度	110	110	110	110	110
总磷	Pearson 相关性	0.023	−0.149	−0.122	0.199②	0.019
	显著性（双侧）	0.808	0.121	0.203	0.038	0.845
	自由度	110	110	110	110	110
锌	Pearson 相关性	1	0.389①	0.240②	0.203②	0.514①
	显著性（双侧）		0.000	0.012	0.033	0.000
	自由度	110	110	110	110	110
硒	Pearson 相关性	0.389①	1	0.641①	−0.662①	0.397①
	显著性（双侧）	0.000		0.000	0.000	0.000
	自由度	110	110	110	110	110
砷	Pearson 相关性	0.240②	0.641①	1	−0.575①	0.178
	显著性（双侧）	0.012	0.000		0.000	0.062
	自由度	110	110	110	110	110
镉	Pearson 相关性	0.203②	−0.662①	−0.575①	1	0.146
	显著性（双侧）	0.033	0.000	0.000		0.128
	自由度	110	110	110	110	110
氰化物	Pearson 相关性	0.514①	0.397①	0.178	0.146	1
	显著性（双侧）	0.000	0.000	0.062	0.128	
	自由度	110	110	110	110	110

① 在 0.01 水平（双侧）上显著相关。

② 在 0.05 水平（双侧）上显著相关。

　　DO、高锰酸盐指数、铅、COD、锌、硒、砷、镉、氰化物因子分析结果见表 4-28、表 4-29。DO 的因子荷载值小于 0.7，说明其重要性较低，应予以剔除，因此可得到三个主成分。第一主成分：铅、硒、砷、镉。第二主成分：锌、氰化物。第三主成分：高锰酸盐指数、COD。

表 4-28　工业型控制单元解释的总方差（第 3 次迭代）

成分	初始特征值			提取平方和载入			旋转平方和载入		
	合计	方差/%	累积/%	合计	方差/%	累积/%	合计	方差/%	累积/%
1	3.454	38.377	38.377	3.45	38.377	38.377	3.151	35.011	35.011
2	1.910	21.218	59.595	1.91	21.218	59.595	1.915	21.273	56.283
3	1.395	15.496	75.091	1.39	15.496	75.091	1.693	18.807	75.091
4	0.988	10.974	86.064						
5	0.517	5.748	91.812						
6	0.390	4.328	96.141						
7	0.219	2.430	98.570						
8	0.124	1.381	99.951						

表 4-29　工业型控制单元旋转成分矩阵（第 3 次迭代）

指标	成分		
	1	2	3
DO	−0.097	−0.118	0.211
高锰酸盐指数	0.336	−0.015	0.863
铅	0.933	0.268	0.108
COD	0.144	0.094	0.931
锌	−0.006	0.872	−0.020
硒	−0.813	0.461	−0.077
砷	−0.768	0.282	−0.063
镉	0.940	0.248	0.109
氰化物	−0.022	0.840	−0.052

对高锰酸盐指数、铅、COD、锌、硒、砷、镉、氰化物进行重要性水平计算，结果见表 4-30。

结合表 4-31 的相关性分析结果可知，COD 与高锰酸盐指数显著相关，又因为 COD 的重要性水平最高，因此剔除高锰酸盐指数，直接将 COD 纳入主控因子名单。将铅、锌、硒、砷、镉、氰化物再次进行因子分析。

表 4-30　工业型控制单元重要性水平计算（第 3 次迭代）

指标	Cont1	Cont2	Cont3	重要性水平
方差贡献率	0.350	0.563	0.751	—
高锰酸盐指数	0.336	−0.015	0.863	0.774

续表

指标	Cont1	Cont2	Cont3	重要性水平
铅	0.933	0.268	0.108	0.559
COD	0.144	0.094	0.931	0.803
锌	−0.006	0.872	−0.020	0.508
硒	−0.813	0.461	−0.077	0.602
砷	−0.768	0.282	−0.063	0.475
镉	0.940	0.248	0.109	0.550
氰化物	−0.022	0.840	−0.052	0.520

表 4-31　工业型控制单元相关性分析结果（第 3 次迭代）

指标		高锰酸盐指数	铅	COD	锌	硒	砷	镉	氰化物
高锰酸盐指数	Pearson 相关性	1	0.378[①]	0.759[①]	−0.028	−0.344[①]	−0.314[①]	0.385[①]	−0.065
	显著性（双侧）		0.000	0.000	0.769	0.000	0.001	0.000	0.501
	自由度	110	110	110	110	110	110	110	110
铅	Pearson 相关性	0.378[①]	1	0.261[①]	0.206[②]	−0.641[①]	−0.568[①]	0.995[①]	0.175
	显著性（双侧）	0.000		0.006	0.031	0.000	0.000	0.000	0.068
	自由度	110	110	110	110	110	110	110	110
COD	Pearson 相关性	0.759[①]	0.261[①]	1	0.045	−0.138	−0.161	0.260[①]	0.023
	显著性（双侧）	0.000	0.006		0.639	0.150	0.093	0.006	0.813
	自由度	110	110	110	110	110	110	110	110
锌	Pearson 相关性	−0.028	0.206[②]	0.045	1	0.389[①]	0.240[②]	0.203[②]	0.514[①]
	显著性（双侧）	0.769	0.031	0.639		0.000	0.012	0.033	0.000
	自由度	110	110	110	110	110	110	110	110
硒	Pearson 相关性	−0.344[①]	−0.641[①]	−0.138	0.389[①]	1	0.641[①]	−0.662[①]	0.397[①]
	显著性（双侧）	0.000	0.000	0.150	0.000		0.000	0.000	0.000
	自由度	110	110	110	110	110	110	110	110
砷	Pearson 相关性	−0.314[①]	−0.568[①]	−0.161	0.240[②]	0.641[①]	1	−0.575[①]	0.178
	显著性（双侧）	0.001	0.000	0.093	0.012	0.000		0.000	0.062
	自由度	110	110	110	110	110	110	110	110
镉	Pearson 相关性	0.385[①]	0.995[①]	0.260[①]	0.203[②]	−0.662[①]	−0.575[①]	1	0.146
	显著性（双侧）	0.000	0.000	0.006	0.033	0.000	0.000		0.128
	自由度	110	110	110	110	110	110	110	110
氰化物	Pearson 相关性	−0.065	0.175	0.023	0.514[①]	0.397[①]	0.178	0.146	1
	显著性（双侧）	0.501	0.068	0.813	0.000	0.000	0.062	0.128	
	自由度	110	110	110	110	110	110	110	110

① 在 0.01 水平（双侧）上显著相关。

② 在 0.05 水平（双侧）上显著相关。

铅、锌、硒、砷、镉、氰化物因子分析结果见表 4-32、表 4-33。

表 4-32　工业型控制单元解释的总方差（第 4 次迭代）

成分	初始特征值			提取平方和载入			旋转平方和载入		
	合计	方差/%	累积/%	合计	方差/%	累积/%	合计	方差/%	累积/%
1	3.066	51.096	51.096	3.06	51.096	51.096	3.045	50.754	50.754
2	1.887	31.448	82.544	1.88	31.448	82.544	1.907	31.790	82.544
3	0.518	8.631	91.174						
4	0.395	6.580	97.755						
5	0.130	2.171	99.926						
6	0.004	0.074	100.000						

表 4-33　工业型控制单元旋转成分矩阵（第 4 次迭代）

指标	成分	
	1	2
铅	0.949	0.249
锌	0.011	0.872
硒	−0.808	0.475
砷	−0.761	0.301
镉	0.955	0.230
氰化物	−0.008	0.845

因此可得到两个主成分。第一主成分：铅、硒、砷、镉。第二主成分：锌、氰化物。

对铅、锌、硒、砷、镉、氰化物进行重要性水平计算和相关性分析，结果见表 4-34、表 4-35。

分析可知，硒与铅、砷、镉显著相关，经过计算，硒的重要性水平最高，因此剔除铅、砷、镉，将硒纳入主控因子名单。硒与锌、氰化物的相关性较低，且锌与氰化物之间的相关性也较低，因此将锌、氰化物也纳入名单。

综上所述，按照 4.2 所述主控因子筛选技术方法，对 DO、高锰酸盐指数、BOD、氨氮、石油类、挥发酚、汞、铅、COD、总磷、铜、锌、氟化物、硒、砷、镉、六价铬、氰化物、阴离子表面活性剂、硫化物共 20 个指标数据，经 4 次迭代优化后，筛选出工业型控制单元主控因子为阴离子表面活性剂、总磷、COD、硒、锌、氰化物。

表 4-34　工业型控制单元重要性水平计算（第 4 次迭代）

具体指标	Cont1	Cont2	重要性水平
方差贡献率	0.508	0.825	—
铅	0.949	0.249	0.688
锌	0.011	0.872	0.725
硒	−0.808	0.475	0.802
砷	−0.761	0.301	0.635
镉	0.955	0.230	0.675
氰化物	−0.008	0.845	0.701

表 4-35　工业型控制单元相关性分析结果（第 4 次迭代）

指标		铅	锌	硒	砷	镉	氰化物
铅	Pearson 相关性	1	0.206②	−0.641①	−0.568①	0.995①	0.175
	显著性（双侧）		0.031	0.000	0.000	0.000	0.068
	自由度	110	110	110	110	110	110
锌	Pearson 相关性	0.206②	1	0.389①	0.240②	0.203②	0.514①
	显著性（双侧）	0.031		0.000	0.012	0.033	0.000
	自由度	110	110	110	110	110	110
硒	Pearson 相关性	−0.641①	0.389①	1	0.641①	−0.662①	0.397①
	显著性（双侧）	0.000	0.000		0.000	0.000	0.000
	自由度	110	110	110	110	110	110
砷	Pearson 相关性	−0.568①	0.240②	0.641①	1	−0.575①	0.178
	显著性（双侧）	0.000	0.012	0.000		0.000	0.062
	自由度	110	110	110	110	110	110
镉	Pearson 相关性	0.995①	0.203②	−0.662①	−0.575①	1	0.146
	显著性（双侧）	0.000	0.033	0.000	0.000		0.128
	自由度	110	110	110	110	110	110
氰化物	Pearson 相关性	0.175	0.514①	0.397①	0.178	0.146	1
	显著性（双侧）	0.068	0.000	0.000	0.062	0.128	
	自由度	110	110	110	110	110	110

① 在 0.01 水平（双侧）上显著相关。

② 在 0.05 水平（双侧）上显著相关。

4.4.3　城市型控制单元

根据流域周边用地情况，城市型控制单元的主控因子筛选以凡河铁岭市控制单元凡河一号桥断面、清河铁岭市清河水库入库口控制单元清河水库入库口断面、浑河抚顺市控制单元章党河断面和辽河盘锦市曙光大桥控制单元曙光大桥断面的 2016—2019 年河流水质断面监测数据为基础。

（1）KMO 和巴特利特检验结果

对 DO、高锰酸盐指数、BOD、氨氮、COD、总磷、阴离子表面活性剂指标的标准化数据进行 KMO 和 Bartlett 检验，结果见表 4-36。通过检验可知，数据的 KMO 为 0.769，且巴特利特球形检验结果小于 0.05，表明数据适合因子分析。

表 4-36　城市型控制单元 KMO 和 Bartlett 球形度检验结果

Kaiser-Meyer-Olkin 检验取样适当性		0.769
Bartlett 的球形度检验	近似卡方	295.125
	自由度（df）	21
	显著性水平（Sig.）	0.000

（2）因子分析结果

利用方差最大正交旋转法对因子载荷矩阵进行旋转，结果见表 4-37、表 4-38。

由表 4-37 可知能提取出三个主成分，累积方差贡献率达到 56.120%。将表 4-38 中因子荷载小于 0.7 的指标剔除，即剔除在该成分中重要性低的因子氨氮、总磷、阴离子表面活性剂，保留重要性高的因子，因此可得到两个主成分。第一主成分：DO。第二主成分：高锰酸盐指数、BOD、COD。

表 4-37　城市型控制单元解释的总方差（第 1 次迭代）

成分	初始特征值			提取平方和载入			旋转平方和载入		
	合计	方差/%	累积/%	合计	方差/%	累积/%	合计	方差/%	累积/%
1	2.816	40.230	40.230	2.81	40.230	40.230	2.814	40.202	40.202
2	1.112	15.890	56.120	1.11	15.890	56.120	1.114	15.918	56.120
3	0.969	13.847	69.967						
4	0.874	12.480	82.447						
5	0.641	9.154	91.601						
6	0.341	4.866	96.467						
7	0.247	3.533	100.000						

表 4-38　城市型控制单元旋转成分矩阵（第 1 次迭代）

指标	成分	
	1	2
DO	−0.172	0.893
高锰酸盐指数	0.875	−0.096
BOD	0.875	−0.095
氨氮	−0.450	−0.361
COD	0.850	−0.018

续表

指标	成分	
	1	2
总磷	−0.510	−0.391
阴离子表面活性剂	0.260	0.122

（3）重要性水平计算结果

将氨氮、总磷、阴离子表面活性剂指标去除后，对剩余指标（DO、高锰酸盐指数、BOD、COD）进行重要性水平计算（每个主成分的方差贡献率为权重与候选指标的载荷系数绝对值乘积之和，由此计算出各因子的重要性水平）。由表 4-39 可知，DO 的重要性水平最高，因此直接将 DO 纳入主控因子名单。

表 4-39　城市型控制单元重要性水平计算（第 1 次迭代）

指标	Cont1	Cont2	重要性水平
方差贡献率	0.402	0.561	—
DO	−0.172	0.893	0.570
高锰酸盐指数	0.875	−0.096	0.406
BOD	0.875	−0.095	0.405
COD	0.850	−0.018	0.352

（4）相关性分析

对上述进行重要性水平计算的指标（DO、高锰酸盐指数、BOD、COD）进行 Pearson 相关性分析。以显著性系数 0.6 作为分界值，高于 0.6 的因子相关性较高。根据表 4-40 的相关性分析结果，DO 与其余各项指标相关性极低，因此将高锰酸盐指数、BOD、COD 再次进行因子分析。

表 4-40　城市型控制单元相关性分析结果（第 1 次迭代）

指标		DO	高锰酸盐指数	BOD	COD
DO	Pearson 相关性	1	−0.131	−0.174[②]	−0.082
	显著性（双侧）		0.104	0.029	0.312
	自由度	156	156	156	156
高锰酸盐指数	Pearson 相关性	−0.131	1	0.723[①]	0.717[①]
	显著性（双侧）	0.104		0.000	0.000
	自由度	156	156	156	156
BOD	Pearson 相关性	−0.174[②]	0.723[①]	1	0.646[①]
	显著性（双侧）	0.029	0.000		0.000
	自由度	156	156	156	156

指标		DO	高锰酸盐指数	BOD	COD
COD	Pearson 相关性	−0.082	0.717①	0.646①	1
	显著性（双侧）	0.312	0.000	0.000	
	自由度	156	156	156	156

① 在 0.01 水平（双侧）上显著相关。

② 在 0.05 水平（双侧）上显著相关。

（5）迭代优选

高锰酸盐指数、BOD、COD 分析结果见表 4-41、表 4-42，可知能提取出一个主成分。

将高锰酸盐指数、BOD、COD 全部进行重要性水平计算，结果见表 4-43，可知高锰酸盐指数的重要性水平最高，因此将高锰酸盐指数直接列入主控因子名单。

将高锰酸盐指数、BOD、COD 进行相关性分析，见表 4-44，可知高锰酸盐指数与其余各项指标的相关性均很高，因此将高锰酸盐指数纳入主控因子名单。由于 COD 是评价河流健康属性的重要指标，因此予以保留。

表 4-41　城市型控制单元解释的总方差（第 2 次迭代）

成分	初始特征值			提取平方和载入		
	合计	方差/%	累积/%	合计	方差/%	累积/%
1	2.391	79.715	79.715	2.391	79.715	79.715
2	0.354	11.793	91.508			
3	0.255	8.492	100.000			

表 4-42　城市型控制单元成分矩阵（第 2 次迭代）

指标	成分
	1
高锰酸盐指数	0.913
BOD	0.884
COD	0.881

表 4-43　城市型控制单元重要性水平计算（第 2 次迭代）

指标	Cont1	重要性水平
方差贡献率	0.797	—
高锰酸盐指数	0.913	0.728
BOD	0.884	0.705
COD	0.881	0.702

表 4-44　城市型控制单元相关性分析结果（第 2 次迭代）

指标		BOD	COD	高锰酸盐指数
BOD	Pearson 相关性	1	0.646①	0.723①
	显著性（双侧）		0.000	0.000
	自由度	156	156	156
COD	Pearson 相关性	0.646①	1	0.717①
	显著性（双侧）	0.000		0.000
	自由度	156	156	156
高锰酸盐指数	Pearson 相关性	0.723①	0.717①	1
	显著性（双侧）	0.000	0.000	
	自由度	156	156	156

① 在 0.01 水平（双侧）上显著相关。

综上所述，按照 4.2 所述主控因子筛选技术方法，在 DO、高锰酸盐指数、BOD、氨氮、COD、总磷、阴离子表面活性剂 7 个指标数据中，经过 2 次迭代优化，筛选出城市型控制单元的主控因子为 COD、DO、高锰酸盐指数。

4.4.4　主控因子筛选名单

农业型控制单元缺少农药、叶绿素 a 断面指标监测数据；工业型控制单元缺少总氮、多环芳烃断面指标监测数据；城市型控制单元缺少总氮、药品及个人护理品（PPCPs）断面指标监测数据。为保证准确性，直接将其纳入主控因子名单，如表 4-45 所示。

表 4-45　主控因子名单

控制单元	污染指标	
	水质指标	水生态指标
农业型	总磷、总氮、COD、农药、叶绿素 a	藻类多样性指数、大型底栖动物多样性指数
工业型	阴离子表面活性剂、总磷、COD、硒、锌、氰化物、总氮、多环芳烃	
城市型	COD、DO、高锰酸盐指数、总氮、药品及个人护理品（PPCPs）	

4.5　水生态环境承载力监测主控因子筛选技术验证

选择具有典型污染特征的浑河于家房控制单元、蒲河沈阳市蒲河沿控制单元以及盘锦绕阳河控制单元进行主控因子的验证及修正。通过分析控制单元内河流水质的污染情况，分别对每个单元进行采样点位的布设，于 2019—2021 年每月一次实地取样检测。检测项目为水质常规指标以及多环芳烃、农药等单元特征污染指标。

对于水质常规指标氨氮、COD、高锰酸盐指数、DO、TP，按照国家《地表水环境质量标准》（GB 3838－2002）中的Ⅲ类水质标准限值，按照公式(4-5)计算其在控制单元内超标率：

$$超标率(\%) = \frac{超Ⅲ类水质标准次数}{年内各断面总监测次数} \times 100\% \tag{4-5}$$

对于挥发酚、阴离子表面活性剂、氟化物、硫化物、氰化物、多环芳烃、Hg、As、Pb、Cd、六价铬、As、Cu、Zn、农药和叶绿素 a 等单元特征污染物，由于大部分符合地表水Ⅲ类标准，按照《地表水环境质量标准》（GB 3838—2002）所规定污染物最低检出限计算其检出率平均值，以直观体现其检出情况，见公式(4-6)：

$$\overline{X} = \frac{\dfrac{\sum C_{T_i}}{i} - C_S}{C_S} \times 100\% \tag{4-6}$$

式中 $\overline{X}$——污染物检出率平均值，%；

C_{T_i}——第 i 个污染物检出值，mg/L；

C_S——标准规定污染物最低检出限，mg/L。

4.5.1　浑河于家房水生态环境承载力监测主控因子验证

浑河于家房控制单元包含浑河于家房断面和细河于台断面两个国考断面，所覆盖河流全长 78.2km，流域面积 244.8km²。控制单元所包含区域有辽宁省沈阳市和辽阳市部分地区，控制单元水体主要有浑河干流和细河支流。浑河是贯穿沈阳市城区的主体河流，干流设有阿及堡、戈布桥、七间房、东陵大桥、砂山、七台子和于家房 7 个断面，在沈阳境内共设 3 个国考断面，包括东陵大桥、砂山和于家房，其中于家房断面位于浑河的出境区域。细河为浑河一级支流，是典型的工业废水输送城市河道，其作为沈阳市城区污水主要排放渠道，沿线分布北部、仙女河和西部等大型污水处理厂，全市近 50%污水通过细河沿线污水处理厂处理后排放，细河于台断面为国家考核断面。

浑河沈阳市于家房控制单元内浑河大部分都流经城镇，单元内工业产业结构以石油化工、动力、原材料、燃料工业为主，污染源主要来自入浑河干流的 7 条重点支流，这些支流均接纳了大量的城镇生活污水和工业废水。浑河于家房沿岸工业行业种类多、污染集中，主要污染因子为氨氮、生化需氧量和总磷，根据调查结果，有机物污染的贡献率达到 90.0%。细河作为浑河的一级支流河污染较为严重，工业污染源主要来源于味精厂、制药厂等中大型企业的排水。这些工业废水中的污染物质组成成分复杂，水中污染负荷高。按照沈阳市环境监测站 2018—2019 年的水质监测数据的结果分析，可以判断该单元为工业型控制单元，在控制单元流域水体内进行实地取样监测，以验证和修正该控制单元水生态环境承载力监测的主控因子。

　　浑河于家房控制单元采样点位设定在控制单元内浑河干流与细河支流，分别为控制单元内浑河的上游（H1）、中游（H2）和下游（H3），中游采样点位布设在干流与细河支流的分界处。由于细河污染严重且周围分布企业工厂密度较大，因此在细河支流中游设置一处采样点（H4）。采样点具体位置如表4-46所示。

表 4-46　浑河于家房控制单元采样点

采样断面编号	所属河流	经度	纬度
H1	浑河干流	123°31′95″	41°55′34″
H2	浑河干流	122°97′58″	41°51′61″
H3	浑河干流	122°67′49″	41°25′23″
H4	细河支流	122°66′12″	41°24′29″

　　对控制单元内常规污染指标氨氮、COD、高锰酸盐指数、DO、TP按照公式（4-5）计算其超标率，结果如图4-6所示。

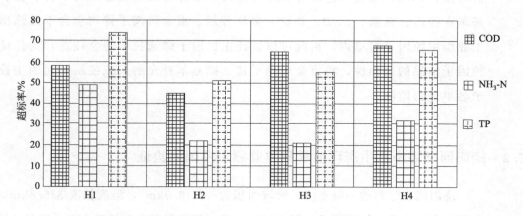

图 4-6　浑河于家房水质常规指标超标率

　　对单元特异性指标挥发酚、阴离子表面活性剂、氟化物、硫化物、多环芳烃、Hg、As、Pb、Cd、六价铬、As、Cu、Zn、农药和氰化物按照公式（4-6）计算其检出率，结果如图4-7所示。

　　上游断面中有机污染物指标检出类型较多，以多环芳烃以及硝基苯类为主，体现了工业型控制单元的污染特征。浑河在进入于家房断面前流经了沈阳

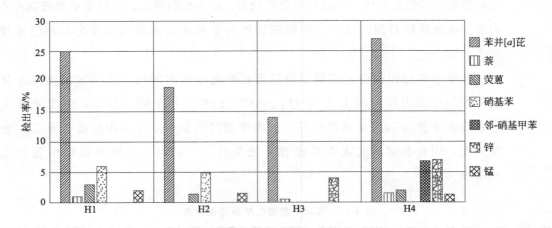

图 4-7   浑河于家房单元特异性指标检出率

市最大规模的工业聚集区——沈阳经济技术开发区，2017 年开发区工业企业数量已达到 291 家，工业废水排放量累积达 1481×10^4 t，这部分工业废水与生活污水经污水处理厂处理后排入细河并最终进入浑河，严重影响了该段河流的水质。细河是随着沈阳铁西区老工业基地的建立而形成的一条汇水河流，主要接纳来自西部各行业所排放的工业废水，H4 断面位于细河与浑河交汇口上游，工业污染成分复杂，因此 H4 断面污染较浑河中游严重。根据检测结果分析可知，COD、氨氮、总磷存在超标情况，多环芳烃、重金属离子锌、锰、硝基苯有检出。氨氮、COD、总磷、多环芳烃、重金属离子锌均包含于筛选出的工业型主控因子名单内，由此可以验证主控因子筛选技术的合理性，为保证主控因子结果的全面性，将重金属离子锰、硝基苯补充纳入该控制单元的主控因子名单进行监测。

4.5.2   绕阳河盘锦市水生态环境承载力监测主控因子验证

绕阳河为辽河的一级支流，流域面积为 $10348.0 \mathrm{km}^2$，河流长度 325.8km，在盘锦市大洼区新兴镇腰岗子村汇入辽河干流。该控制单元包括鞍山市台安县；阜新市阜新蒙古族自治县、彰武县；锦州市黑山县、凌海市、北镇市；盘锦市兴隆台区、盘山县；沈阳市新民市。该单元内支流河众多，包括柴河、南柴河、柴河水库、入库口沙河、二道河（含碱锅水库汇入）、邵绕排干、马绕排干、辽绕运河、东沙河、西沙河、月牙河、三台河、盘锦河等诸河，汇流后流至胜利塘断面。胜利塘断面是国控断面，目标水质为地表水Ⅳ类。

盘锦绕阳河控制单元内绕阳河流经 24 个乡，340 个村落，流域面积有

$3534km^2$，土地利用以农业用地水田、居民用地为主。沿岸耕地多，农田化肥超量使用现象普遍存在，是典型的农业型控制单元。在控制单元流域水体内进行实地取样监测，以验证和修正该控制单元水生态环境承载力监测的主控因子。

盘锦绕阳河控制单元面积较大，流域以绕阳河干流为主，因此在绕阳河干流处上游、中游以及下游分别设置一个采样点，依次为 R1、R2、R3。采样监测点位具体信息如表 4-47 所示。

表 4-47　盘锦绕阳河控制单元采样点

采样断面编号	所属河流	经度	纬度
R1	绕阳河干流	122°31′12.3″	42°29′36.8″
R2	绕阳河干流	121°77′36.6″	41°38′21.3″
R3	绕阳河干流	121°11′10.2″	41°26′14.3″

经监测分析，常规水质指标中 COD、NH_3-N、TN 与 TP 均有不同程度的超标。对于单元特异性指标，农药类以及少量有机物类污染指标被检出，显示控制单元内绕阳河主要受到农业面源的污染，检测结果如图 4-8、图 4-9 所示。

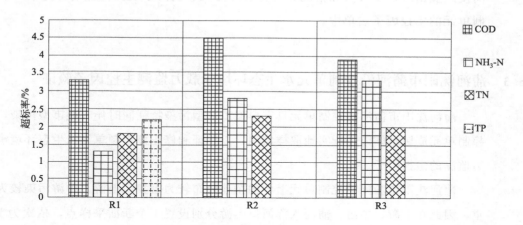

图 4-8　盘锦绕阳河水质常规指标超标率

对于有机类污染物，三个监测点位检出农药类污染物阿特拉津、乙草胺、丁草胺。由于东北农业区主要种植作物为玉米、水稻、大豆、小麦等，阿特拉津、乙草胺、丁草胺均是常用农药，残留的农药由地表径流进入水体进而对水环境造成污染。根据农业用地调查结果可以看出，控制单元内绕阳河上游、下游的农田用地分布广泛，而检测结果也表明阿特拉津、乙草胺等农药在上游和下游的超标值明显高于中游。此外常规水质污染指标氨氮、总氮的超标情况最为严重，分析认为 R3 断面处受上游锦州市庞家河、沙子河等污染支流河来水影响，且沿

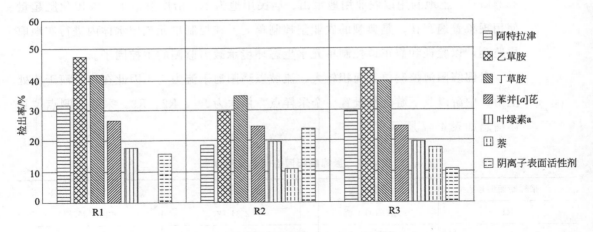

图 4-9   盘锦绕阳河单元特异性指标检出率

岸农村地区大量使用农药造成严重污染。检出的农药类污染物和叶绿素 a 及超标的常规指标 COD、总磷、总氮已包含于农业型主控因子名单。在控制单元中还检测出苯并［a］芘、萘等多环芳烃类污染物以及阴离子表面活性剂。分析认为由于北方气候原因，枯水期时间较长，在此期间农业活动减弱，工业污染在此期间便凸显出来，结合实际情况，可将多环芳烃、阴离子表面活性剂补充纳入该控制单元的主控因子名单中。

4.5.3   蒲河沈阳市蒲河沿控制单元水生态环境承载力监测主控因子验证

蒲河沈阳市蒲河沿控制单元具有典型工业型污染特征同时伴有城市型污染，在控制单元流域水体内进行实地取样监测，以验证和修正该控制单元水生态环境承载力监测的主控因子。

蒲河沈阳市蒲河沿控制单元上游的企业分布较为密集，上游、中游污染较为严重，因此在上游、中游、蒲河入浑河口上游分别设置 1 个断面采样点，依次为 P1、P2、P3，采样点具体位置如表 4-48 所示。

表 4-48   蒲河沈阳市蒲河沿控制单元采样点

采样断面编号	所属河流	经度	纬度
P1	蒲河干流	123°37′00.2″	41°82′45.0″
P2	蒲河干流	122°33′49.6″	41°59′13.1″
P3	蒲河干流	122°40′12.6″	41°37′47.5″

根据检测结果可以知道，控制单元内蒲河主要受到工业有机物的污染，其中

苯并［b］荧蒽、苯并［k］荧蒽等多环芳烃类污染物超标较为严重，重金属离子锌、锰均有超标现象。对于水质常规污染指标，COD 超过Ⅲ类水质标准，且沿程浓度波动较大，氨氮与总磷在个别断面有超标现象，检测结果如图 4-10、图 4-11 所示。

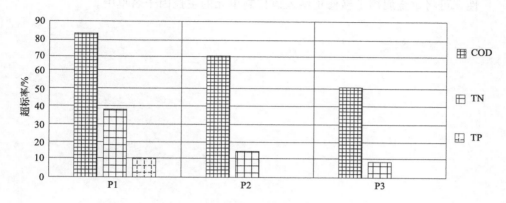

图 4-10　蒲河沈阳市蒲河沿水质常规指标超标率

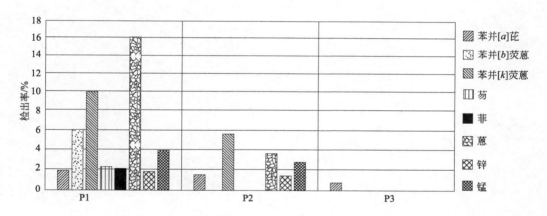

图 4-11　蒲河沈阳市蒲河沿单元特异性指标检出率

由图 4-10 分析可知，蒲河沈阳市蒲河沿控制单元内水质常规指标 COD、总氮、总磷在三个断面处存在不同程度的超标情况，由于河流上游工业企业分布密集，同时存在城镇污水处理厂，因此 P1 断面处的 COD 污染程度最严重，超标率达到 85％以上，P3 断面 COD 超标程度相对较轻，且蒲河干流 COD 浓度的沿程变化起伏较大。

由于蒲河上游工业企业集中分布着纸板及机制纸制造行业，造成化学需氧量排放量和总氮排放量较大，同时存在城镇污水处理厂，如辉山河湿地污水处理厂等，因此 COD、总氮、总磷在 P1 断面处存在超标情况。苯并［a］芘、苯并［b］荧蒽、苯并［k］荧蒽、芴、菲、蒽、锌、锰在各个断面上均有检出。由于河流水体在上游流至下游的过程中有一定的水体自净能力，对污染物有降解作用，加之沿岸污染源的变化，因此断面 P2、P3 的水质明显好于 P1。COD、总氮、总磷、重金属离子锌以及苯并［a］芘、苯并［b］荧蒽、苯并［k］荧蒽、芴、菲、蒽等多环芳烃类污染物均包含于工业型主控因子名单，为保证主控因子的全面性和单元特异性，可将重金属离子锰修正纳入该控制单元的主控因子名单中。

第5章
水生态环境承载力监测技术方法

5.1 水生态环境承载力指标监测

5.1.1 水生态环境承载力监测断面的设定

本研究从流域水生态环境承载力监测管理和业务需求出发，在水生态功能分区和水环境质量研究的基础上，针对辽河流域水生态环境承载力现状进行监测和评估工作研究，为解决监测断面的科学性布设问题，落实水生态环境承载力监测断面网络布设和优化技术，完善流域水生态环境承载力监测技术集成工作。监测断面布设原则如下。

（1）连续性原则

尽可能沿用历史观测点位，生物监测点位应尽量与水文测量、水质理化指标监测点位相同，以获取足够信息，同时便于解释流域的生态效应。

（2）代表性原则

综合考虑整个流域现状，设置具有代表性的断面。由于不同河流的不同位置污染程度不同，因此断面的设置要有空间和功能类型代表性，如不同类型控制单元、不同污染类型的河流上都应设置监测断面。

（3）大中小尺度相结合原则

监测断面所在河流不仅包含干流，还应包含区域重点支流，从流域规模尺度上实现不同流域规模的结合，使评估结果更完善。

（4）实用性原则

在保证达到必要的精度和样本量的前提下，监测点位应尽量少，要兼顾技术指标和费用投入。

依据上述原则，在现有辽河水系 21 个国控监测断面基础上，结合辽河流域面源污染物负荷及总量分配研究、辽河流域点源污染排放特征研究、典型流域水环境质量调查等相关研究调查，对研究过程中所采用的监测断面进行频次统计，结果如图 5-1 所示。

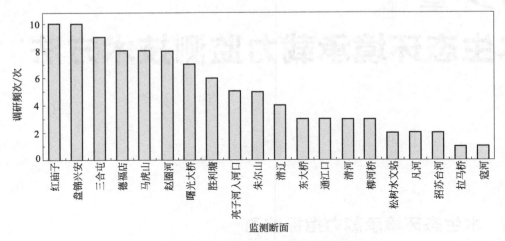

图 5-1 辽河水系监测断面调研频次统计

由图 5-1 可知，红庙子、盘锦兴安、三合屯、德福店、马虎山、赵圈河、曙光大桥、胜利塘、亮子河入河口和朱尔山这 10 个监测断面在研究调查中被采用的调研频次较高，均不少于 5 次。

依照频次统计法所获得的监测断面主要分布在辽河水系干流、污染十分严重的亮子河支流和所在单元面积最广。同样为"十四五"重点整治河流的绕阳河支流监测断面间隔距离适当，均匀地分布在辽河水系，且监测断面所在的控制单元包含城市型、农业型和工业型特征类型单元，符合连续性和代表性原则。监测断面所在控制单元区域面积分布相当，符合大中小尺度相结合原则。在"十四五"辽河流域控制单元规划中，已取消德福店监测断面，因此可将其余 9 个断面作为水生态环境承载力监测断面。综上所述，控制单元各监测断面信息如表 5-1 所示。

表 5-1 辽河水系水生态环境承载力监测断面信息

控制单元	河流	水体类型	监测断面	监测断面位置	
辽河盘锦市曙光大桥控制单元	辽河	湖库	曙光大桥	121°50′29″	41°12′34
辽河盘锦市赵圈河控制单元	辽河	湖库	赵圈河	121°59′21″	41°05′30″
辽河沈阳市红庙子控制单元	辽河	河流	红庙子	122°37′32″	41°27′20″
辽河沈阳市三合屯控制单元	辽河	湖库	三合屯	123°55′40″	42°51′41″
辽河鞍山市控制单元	辽河	湖库	盘锦兴安	122°10′10″	41°11′30″
辽河铁岭市控制单元	辽河	湖库	朱尔山	123°33′06″	42°12′45″
辽河沈阳市马虎山控制单元	辽河	湖库	马虎山	122°35′15″	41°15′10″
亮子河铁岭市控制单元	亮子河	河流	亮子河入河口	123°52′52″	42°47′09″
绕阳河盘锦市控制单元	绕阳河	河流	胜利塘	121°53′57″	41°10′41″

5.1.2　水生态环境承载力指标监测频次的设定

　　辽河水系水生态环境承载力评估指标的监测频次初步按照课题"水环境质量监测技术方法研究"（2009ZX07527—001）中规定频次进行监测，即干流断面水质实施全年逐月监测。若某项目连续 3 年未检出，且在断面附近确定无新增排放源，而现有污染源排污量未增的情况下，每年 1 月、7 月各监测 1 次，一旦检出，或在断面附近有新的排放源或现有污染源有新增排污量时，即恢复正常监测频次。水生生物类监测指标按照"流域水生态环境质量监测与评价研究"（2013ZX07502—001）中规定，监测频次应保持每年至少监测 2 次，必要时冬季也可以进行生物指标监测。在规定期限内如果无法完成生物指标监测，必须在其他有代表性的期限内对该区域水生态环境进行综合评估。生物指标监测的跨年周期根据多年监测结果得出的水质等级设定，表 5-2 详细列举了不同水质下水生物指标跨年监测周期。

表 5-2　水生物指标跨年监测周期

水质等级	监测周期
Ⅰ～Ⅱ	每年
Ⅲ	每年或者水生物群落在上次监测之后的几年内处于稳定状态时，可以每 2～3 年监测 1 次
Ⅳ	每年或者先选定上次监测之后几年内受人类活动影响最大的 1～2 个水质指标，然后每 2～3 年对上述指标进行 1 次监测
Ⅴ～Ⅵ	先选定上次监测之后几年内受人类活动影响最大的 1～2 个水质指标，然后每 2～3 年对上述指标进行 1 次监测

　　依照上述信息，辽河水系水生态环境承载力监测指标频次如表 5-3 所示。

表 5-3　辽河水系水生态环境承载力监测指标频次

指标类别	监测项目	监测点位数量	监测频次
水质类	温度、pH 值、电导率、溶解氧、水深、叶绿素 a(Chla)、高锰酸盐指数、BOD_5、总氮、总磷等	9	12
底栖生物	软体、寡毛、蛭、摇蚊、蜻蜓、甲壳等的种类、数量、生物量	3	2
藻类	硅藻门、绿藻门、蓝藻门、裸藻门、甲藻门、黄藻门、隐藻门、金藻门数量	3	2

5.1.3　辽河水系水生态环境承载力监测断面的优化

　　为保证水环境监测网络的合理化运行，降低系统运营成本并保证数据获取率，需要对整体监测网络内覆盖的监测断面进行断面优化研究。相关研究人员通过数理统计法对监测网络进行数学优化，其中主要包括均值偏差法、系统聚类法和 Fisher 最优分割法等。

（1）均值偏差法

均值偏差法是以断面数据与整体结果的平均偏差值作为分析指标，通过划分各断面的平均偏差结果，实现对流域断面的类型划分。该方法简单直观，操作性强，但是缺乏一定程度的系统性分析，需具备一定量的数据基础。

（2）系统聚类法

系统聚类法是通过计算系统样本之间的相似统计量和相似矩阵，实现对样本的逐步归类。聚类结果中聚合为一类的样本可以相互替代，该方法可直观反映系统聚类结果，也可为研究人员的目标需求提供多个可能的方案解，因此在方案优化等其他探索性的研究方面的应用十分广泛。通过系统聚类法可以降低监测点位数量，同时保证了监测信息获取的代表性。

（3）Fisher 最优分割法

Fisher 最优分割法为一种有序聚类方法，优化过程可保证出样本序列的有序性，优化计算过程较为复杂烦琐，方法普遍应用于汛期监测的优化研究。龚李莉等综合考虑太湖流域防洪和供水需求，在现有降雨和水位长序列数据基础上，以最优分割法对现有监测时段进行优化，最终确定太湖流域的汛期分期结果。

本研究以现有辽河水系水生态环境承载力评估结果为依据，采用聚类分析法对现有评估监测断面进行有聚类分析优化，得到监测断面系统聚类分析如图 5-2 所示。

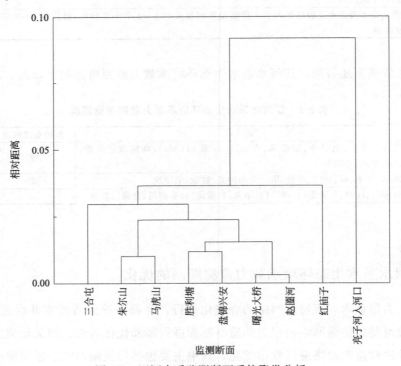

图 5-2　辽河水系监测断面系统聚类分析

由图 5-2 可知，当置信水平为 0.95 时，系统聚类法可将原有 9 个监测断面划分为 6 类。

① 亮子河入河口、三合屯和红庙子监测断面各为一类，原因是监测断面所在区域周围用地类型，产业结构等具备较高特异性，以三合屯监测断面为例，因处于辽河水系上游控制单元，所包含流域唯独来自农业型控制单元。相反，亮子河入河口监测断面则汇集来自城市型、农业型和工业型控制单元的支流，相比于其他断面，污染类型最为复杂，且作为辽河流域重点污染河流，在优化时应予以保留。

② 朱尔山-马虎山断面为一类，原因是二者同处干流，且为相邻断面，周围企业分布密度、用地类型较为相似，同处于辽河水系中游，水力情况相近，结合上游优化结果，保留马虎山监测断面。

③ 胜利塘-盘锦兴安断面为一类，原因是胜利塘监测断面处于绕阳河支流，上游盘锦兴安监测断面与之相汇，因此二者所在流域的水资源、水环境和水环境指标较为相近，且二者所在控制单元相邻，经济发展程度相近，因此在优化过程中保留干流盘锦兴安监测断面，既可反映重点整治河流绕阳河支流水环境现状对辽河水系整体承载力的影响，又可保证干流整体监测断面的连续性。

④ 赵圈河-曙光大桥断面为一类，主要原因是这两个断面为相邻断面且距离较近，在水资源、水环境、水生态和社会经济指标层的指标数据相似度较高，从保证断面所在控制单元功能类型多样性的角度出发，保留曙光大桥监测断面。

综上所述，采用系统聚类法优化后的监测断面为：三合屯、亮子河入河口、马虎山、红庙子、盘锦兴安和曙光大桥监测断面选取优化前后水资源、水环境、水生态和社会经济指标层数据结果，在显著性水平 α 为 0.05 的水平下进行一致性检验。

表 5-4　辽河水系监测断面优化后一致性检验

验证指标	方差 F-检验		均值 T-检验	
	F	结果	T	结果
水资源	1.236	方差齐	0.359	无显著差异
水环境	0.955	方差齐	1.587	无显著差异
水生态	0.761	方差齐	0.021	无显著差异
社会经济	0.669	方差齐	0.476	无显著差异

由表 5-4 可知，当对优化前后两组数据进行 F-检验时，方差 F 处于 $[F_{2/\alpha}(n_1,n_2),F_{1-2/\alpha}(n_1,n_2)]$，即 $[0.23,5.52]$，说明优化后结果与原始结果方差齐，具有相似性。进而进行 T 检验，$|T|$ 结果小于 $T_{2/\alpha}(n_1+n_2-2)=2.16$，即验证二者数据无显著性差异。由此得出，优化后的监测断面可以很好地代表原始监测断面。

5.1.4 水生态环境承载力指标监测频次的优化

因北方河流水量受气候影响明显，冬春干旱少雨，季节性河水流量显著减少，相应断面水环境生态指标值一般比夏季少 3～300 倍不等。因此，考虑水期对污染物浓度和生态环境的影响，应适当优化水环境和水生态指标的监测频次。因辽河水系农业型控制单元所占面积分布较为广泛，且氨氮污染较为严重，以 2015—2019 年辽河水系农业型控制单元三合屯监测断面氨氮浓度的监测数据为例，对水生态环境承载力指标监测频次进行优化。

2015—2019 年辽河水系三合屯监测断面氨氮浓度逐月变化情况如图 5-3 所示。

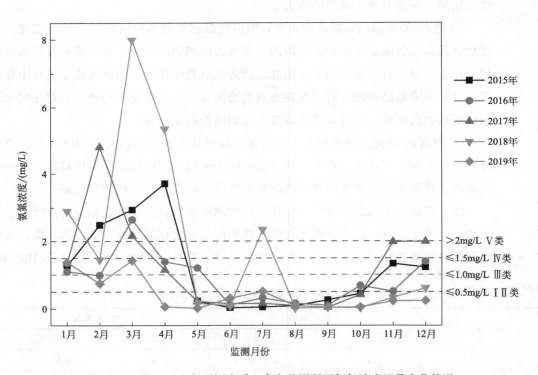

图 5-3 2015—2019 年辽河水系三合屯监测断面氨氮浓度逐月变化情况

由图 5-3 可知，2015—2019 年期间内，辽河水系三合屯监测断面氨氮浓度均处于《地表水环境质量标准》（GB 3838—2002）所规定的浓度范围内，达标率100%。其中 5～10 月内氨氮浓度值均处于低水平，符合 Ⅰ、Ⅱ 类水质标准中所规定的氨氮浓度。1 月、11 月、12 月氨氮浓度处于中水平，符合 Ⅲ、Ⅳ 类水质标准中所规定的氨氮浓度。2 月、3 月、4 月氨氮浓度处于高水平，符合 Ⅴ 类水质标准中所规定的氨氮浓度。为降低氨氮浓度监测频次，对处于不同水平下氨氮浓度值的变异系数进行计算，结果如表 5-5 所示。

表 5-5　三合屯监测断面不同水平浓度下氨氮监测值变异系数

浓度水平	低水平	中水平	高水平
月份	5~10 月	1 月、11 月、12 月	2 月、3 月、4 月
变异系数/%	8.77	19.64	30.93

如表 5-5 所示，低水平与中水平时间内，氨氮浓度监测结果的离散性较小。研究表明，当变异系数低于 30% 时，可视为组内数据稳定，因此低水平与中水平氨氮浓度数据变化波动性较小，浓度监测结果较为稳定，可进行 1 次监测。当变异系数高于 30% 时，视为数据波动性较大，因此在监测过程中可适当提升指标监测频次，高水平浓度期间保证 2 次及 2 次以上监测频次。根据辽河水系氨氮日浓度分析结果，拟定全年氨氮监测时间为 2 月、4 月、7 月、11 月。

由此得出，水环境指标层三合屯监测断面氨氮浓度监测频次由每年 12 次优化降低为每年 4 次。

5.2　主控因子监测技术分类

主控因子分为水质理化指标和水生态指标，针对水质理化指标的监测，筛选出了水质自动监测技术、色谱-质谱联用法、分光光度法等常规监测手段。卫星遥感监测技术、低空无人机遥感监测技术作为非常规监测手段主要针对河流水质进行辅助性的宏观监测。此外，突发性环境污染事故是不可忽视的问题，往往对社会经济与人民生命财产造成严重危害。为了把污染事故对环境造成的破坏降到最低，要在现场又快又准地判断出污染物质的种类、理化特性、浓度、污染的范围及可能的危害程度。常规的环境监测体系难以满足突发环境污染事故快速处理的要求，因此迫切需要可针对突发环境污染事故的应急快速监测方法。

5.2.1　水质理化指标监测技术

水质理化指标包括 COD、DO、高锰酸盐指数、氨氮、总氮、总磷等水质基础指标，阴离子表面活性剂、氰化物、多环芳烃等有机污染指标，以及锌等金属离子污染指标。针对上述指标梳理出水质自动监测技术、高效液相色谱法、气相色谱法、色谱-质谱联用技术等 9 类监测技术。

（1）（固定式）水质自动监测技术

① 技术概述。水质自动监测系统能够自动、连续、及时、准确地监测目标水域的水质及其变化状况，数据远程自动传输，自动生成报表等。相比于手工常规监测，将节约大量的人力和物力，还可达到预测预报流域水质污染事故、解决跨行政

区域的水污染事故纠纷、监督总量控制制度落实情况以及排放达标情况等目的。因此大力推行水质自动监测是建设先进的环境监测预警系统的必由之路。

② 技术原理。水质自动监测系统是一套以在线自动分析仪器为核心，运用现代传感技术、自动测量技术、自动控制技术、计算机应用技术以及相关的专用分析软件和通信网络所组成的一个综合性的在线自动监测体系，可以实现 pH 值、溶解氧、高锰酸盐指数、化学需氧量、氨氮等水质指标的实时在线监测。

③ 技术流程。水质自动监测站采用景观监测小屋的方式建站，更适用于城市生态水系景观河道，部分现场征地难度较大的位置可采用简易岸边站。监测站由站房、仪表分析单元、采水单元、配水单元、控制系统、辅助系统等组成。

a. 站房。采用砖混结构，面积 $60m^2$、配备空调以及防低温保温系统。

b. 仪表分析单元。包括常规五参数（pH 值、水温、电导率、浊度、溶解氧）、高锰酸盐指数、氨氮、总氮、总磷、化学需氧量在线监测仪器。

c. 采水单元。采水和管道系统将水样采集预处理后供各分析仪表使用。

d. 配水单元。系统泵阀及辅助设备由 PLC 控制系统统一进行控制。

e. 控制系统。各仪表数据经 RS232/485 接口由数据采集工控设备进行统一数据采集和处理，系统数据支持光纤和无线传输两种传输模式。

f. 辅助系统。为防止雷击影响，水质自动监测系统配置完善的防直击雷和感应雷措施。系统配置智能环境监控单元对系统整体安全、消防和动力配电进行智能监控。同时，水质自动监测站设置有视频监控装置，可远程实时对取水口状况、站房内部状况进行监视。

水质自动监测系统总流程见图 5-4。

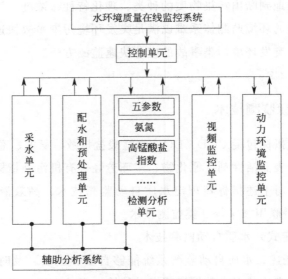

图 5-4 水质自动监测系统总流程

④ 监测指标及方法。水质自动监测技术监测指标及方法见表 5-6。

表 5-6　水质自动监测技术监测指标及方法

监测指标	监测方法	仪器基本参数
pH 值	电极法	测量范围:0.00~14.00;分辨率:0.01;精确度:0.01
溶解氧	电化学探头法	测量范围:0~50mg/L;分辨率:0.01mg/L
电导率	电极法	测量范围:0~199.9mS/cm;准确度:0.01μS/cm
水温	温度传感器	测量范围:-5~40℃;准确度:±0.02℃;分辨率:0.01℃
浊度	光学探头	测量范围:0~100/500/3000NTU;分辨率:0.01/0.1/1NTU;工作环境温度:0~50℃;电源供应:220V,50Hz
高锰酸盐指数	高锰酸钾氧化滴定法	测量范围:0~20mg/L;分辨率:0.01mg/L;检出限:0.5mg/L;测定周期:≤40min
化学需氧量	重铬酸钾氧化分光光度法	测量范围:0~3000mg/L;分辨率:0.1mg/L;检出限:5mg/L;测定周期:≤25min
氨氮	电极法	测量范围:0~300mg/L;分辨率:0.01mg/L;检出限;测定周期:≤20min
总磷/正磷酸盐	磷钼蓝分光光度法	测量范围:0~50.0mg/L;分辨率:0.001mg/L;检出限:0.005mg/L;测定周期:≤30min
总氮/硝酸盐氮	碱性过硫酸钾消解紫外分光光度法	测量范围:0~50.0mg/L;分辨率:0.01mg/L;检出限:0.1mg/L;测定周期:≤30min
六价铬/总铬	二苯碳酰二肼分光光度法	量程:0~50mg/L;检出限:六价铬0.005mg/L、总铬0.01mg/L;测定周期:≤30min
重金属(铅镉锌铜)	阳极溶出伏安法	量程:Zn:10μg/L~10mg/L;Cd:0.1μg/L~10mg/L;Pb:1μg/L~10mg/L;Cu:1μg/L~10mg/L;检出限:Zn:10μg/L;Cd:0.1μg/L;Pb:1μg/L;Cu:1μg/L;测定周期:≤25min
氰化物	异烟酸-巴比妥酸光度法	量程:0~5mg/L;检出限:0.005mg/L;测定周期:≤40min
氟化物量程	离子选择性电极法	0~100mg/L;检出限:0.05mg/L;零点漂移:±5%;测定周期≤20min
砷/总砷量程	新银盐分光光度法	砷0~5mg/L;总砷0~50mg/L;检出限:砷0.002mg/L;总砷0.01mg/L;测定周期≤30min

（2）高效液相色谱法

① 方法概述。高效液相色谱法是在经典色谱法的基础上,引用了气相色谱的理论,在技术上,流动相改为高压输送（最高输送压力可达 29.4MPa）;色谱柱是以特殊的方法用小粒径的填料填充而成,从而使柱效大大高于经典液相色谱（每米塔板数可达几万或几十万）;同时柱后连有高灵敏度的检测器,可对流出物进行连续检测。

② 方法原理。高效液相色谱法以液体为流动相,采用高压输液系统,将具有不同极性的单一溶剂或不同比例的混合溶剂、缓冲液等流动相泵入装有固定相的色谱柱,在柱内各成分被分离后,进入检测器进行检测,从而实现对样品的分析。

③ 方法流程。溶剂贮器中的流动相被泵吸入,经梯度控制器按一定的梯度进行混合然后输出,经测其压力和流量,导入进样阀（器）,经保护柱、分离柱后到检测器检测,由数据处理设备处理数据或记录仪记录色谱图,馏分收集器收集馏分。

④ 检测指标及仪器。高效液相色谱法检测指标及仪器如表 5-7 所示。

表 5-7　高效液相色谱法检测指标及仪器

检测指标	高沸点、热稳定性差、分子量大（>400 以上）的有机物
检测仪器	液相色谱仪（UltiMate3000）

（3）气相色谱法

① 方法概述。气相色谱属于柱色谱，根据所使用的色谱柱粗细不同，可分为一般填充柱和毛细管柱两类。一般填充柱是将固定相装在一根玻璃或金属的管中，管内径为 2～6mm。毛细管柱则又可分为空心毛细管柱和填充毛细管柱两种。空心毛细管柱是将固定液直接涂在内径只有 0.1～0.5mm 的玻璃或金属毛细管的内壁上。填充毛细管柱是近几年才发展起来的，将某些多孔性固体颗粒装入厚壁玻管中，然后加热拉制成毛细管，一般内径为 0.25～0.5mm。

② 方法原理。气相色谱法是利用气体作流动相的色层分离分析方法。汽化的样品被载气（流动相）带入色谱柱中，柱中的固定相与样品中各组分分子作用力不同，各组分从色谱柱中流出时间不同，实现各组分彼此分离。采用适当的鉴别和记录系统，制作标出各组分流出色谱柱的时间和浓度的色谱图。根据图中的出峰时间和顺序，可对化合物进行定性分析；根据峰的高低和面积大小，可对化合物进行定量分析。

③ 方法流程。来自高压气瓶或气体发生器的载气首先进入气路控制系统，将载气调节并稳定到所需要流量与压力后，流入进样装置把样品（油中分离出的混合气体）带入色谱柱，通过色谱柱分离后的各个组分依次进入检测器进行检测，检测到的电信号经过计算机处理后得到每种特征气体的含量。

④ 检测指标及仪器。气相色谱法检测指标及仪器如表 5-8 所示。

表 5-8　气相色谱法检测指标及仪器

检测指标	分子量不大，有一定挥发性，在汽化或柱温情况下不分解的物质，或分子量大，但可以通过各处理衍生为易挥发的化合物
检测仪器	气相色谱仪（TRACE1300）

（4）色谱-质谱联用技术

色谱质谱的在线联用将色谱的分离能力与质谱的定性功能结合起来，实现对复杂混合物更准确的定量和定性分析，而且也简化了样品前处理过程，使样品分析更简便。

① 液相色谱-质谱联用技术。液相色谱-质谱联用技术结合了液相色谱有效分离热不稳性及高沸点化合物的分离能力与质谱很强的组分鉴定能力，是一种分离分析复杂有机混合物的有效手段。液质联用（LC-MS）主要可解决以下几方面的问题：

不挥发性化合物分析测定、极性化合物的分析测定、热不稳定化合物的分析测定、大分子量化合物（包括蛋白、多肽、多聚物等）的分析测定。

② 气相色谱-质谱联用技术。气相色谱-质谱联用技术是一种结合气相色谱和质谱的特性，在样品中鉴别不同物质的方法。用色谱分离混合物，得到单一的组分，利用质谱作为检测器，测定单一组分的分子量。

③ 毛细管电泳-质谱联用技术。毛细管电泳质谱联用技术是一种有效的分析技术，包括毛细管电泳作为分离技术和质谱作为检测技术。该技术分离化合物是基于它们的分子量和电荷，能够定量和定性诸如小分子、代谢物、药物、肽类和蛋白质这些化合物。毛细管质谱联用技术是鉴定复杂混合物中活性化成分的有用工具，具有快速、分辨率高、耐用和可重复性等优点。

（5）分光光度法

① 方法概述。分光光度法是通过测定被测物质在特定波长处或一定波长范围内光的吸收度，对该物质进行定性和定量分析的方法。在分光光度法中，将不同波长的光连续地照射到一定浓度的样品溶液时，便可得到与不同波长相对应的吸收强度。如以波长（λ）为横坐标，吸收强度（A）为纵坐标，就可绘出该物质的吸收光谱曲线，利用该曲线进行物质定性、定量的分析。

② 方法原理。物质与光作用具有选择吸收的特性。由于不同的物质其分子结构不同，对不同波长光的吸收能力也不同，因此具有特征结构的结构集团，存在选择吸收特性的最大实收波长，形成最大吸收峰，而产生特有的吸收光谱。即使是相同的物质由于其含量不同，对光的吸收程度也不同。利用物质所特有的吸收光谱来鉴别物质的存在（定性分析），或利用物质对一定波长光的吸收程度来测定物质含量（定量分析）。

③ 方法流程。

a. 预热仪器。为使测定稳定，将电源开关打开，使仪器预热 20min，为了防止光电管疲劳，不要连续光照。预热仪器时和在不测定时应将比色皿暗箱盖打开，使光路切断。

b. 选定波长。根据实验要求，转动波长调节器，使指针指示所需要的单色光波长。

c. 固定灵敏度挡。根据有色溶液对光的吸收情况，为使吸光度读数为 0.2～0.7，选择合适的灵敏度。因此，旋动灵敏度挡，使其固定于某一挡，在实验过程中不再变动。一般测量固定在 "1" 挡。

d. 调节 "0" 点。轻轻旋动调 "0" 电位器，使读数表头指针恰好位于透光度为 "0" 处（此时，比色皿暗箱盖是打开的，光路被切断，光电管不受光照）。

e. 调节 $T=100\%$。将盛蒸馏水（或空白溶液或纯溶剂）的比色皿放入比色皿座架中的第一格内，有色溶液放在其他格内，把比色皿暗箱盖子轻轻盖上，转动光量调节器，使透光度 $T=100\%$，即表头指针恰好指在 $T=100\%$ 处。

f. 测定。轻轻拉动比色皿座架拉杆，使有色溶液进入光路，此时表头指针所示为该有色溶液的吸光度 A。读数后，打开比色皿暗箱盖。

g. 关机。实验完毕，切断电源，将比色皿取出洗净，并将比色皿座架及暗箱用软纸擦净。

④ 检测指标及仪器。分光光度法检测指标及仪器如表 5-9 所示。

表 5-9　分光光度法检测指标及仪器

检测指标	水质理化指标（COD、高锰酸盐指数等）、阴离子表面活性剂、叶绿素 a、金属离子
仪器设备	分光光度计

（6）电感耦合等离子发射光谱法

① 方法概述。电感耦合等离子体发射光谱法是指以电感耦合等离子体作为激发光源，根据处于激发态的待测元素原子回到基态时发射的特征谱线，对待测元素进行分析的方法。待测元素原子的能级结构不同，其发射谱线的特征不同，据此可对样品进行定性分析；待测元素原子的浓度不同，其发射强度也不同，据此可实现元素的定量分析。

② 方法原理。电感耦合等离子体焰矩温度可达 $6000 \sim 8000K$，当将样品由进样器引入雾化器，并被氩载气带入焰矩时，则样品中组分被原子化、电离、激发，以光的形式发射出能量。不同元素的原子在激发或电离时，发射不同波长的特征光谱，根据特征光的波长可确定元素种类。元素的含量不同时，根据发射特征光的强弱可确定元素含量。

③ 方法流程。

a. 仪器参考测试条件。仪器分析主要指标及参考测试条件如表 5-10 所示。

表 5-10　仪器分析主要指标及参考测试条件

观察方式	水平、垂直或水平垂直交替使用
发射功率/W	1150
载气流量/(L/min)	0.7
辅助气流量/(L/min)	1.0
冷却气流量/(L/min)	12.0

b. 标准曲线绘制。取一定量的单元素标准使用液制备标准曲线。

c. 样品测定。在与建立校准曲线相同条件下，测定样品的发射强度，由发射强度值在校准曲线上查得目标元素含量。

④ 检测指标及仪器。电感耦合等离子发射光谱法检测指标及仪器如表 5-11 所示。

表 5-11　电感耦合等离子发射光谱法检测指标及仪器

检测指标	金属离子(铝、钙、钴、铬等金属元素)
仪器设备	电感耦合等离子发射光谱仪

（7）卫星遥感监测技术

① 技术概述。卫星遥感监测技术是以人造卫星为平台，利用可见光、红外、微波等探测仪器，通过摄影或扫描、信息感应、传输和处理，从而识别地面物质的性质和运动状态的现代化技术。

② 技术原理。对于水源水质的定量监测，遥感监测大致可以从两个方面进行：利用水面反射光谱测量与水质参数进行回归分析，建立某一谱段上光谱反射率与某些水质参数的函数关系式。利用航空遥感的多谱段图像或者彩色红外像片某一谱段的密度值与某些水质参数进行回归分析，用影像的等密度分割方法求算水面污染物含量。

③ 技术流程。首先确定待监测的水域，开展水样采集和遥感影像获取工作；根据相关需求，化验水样的相关参数；对原始遥感影像进行预处理，掩膜出待监测区域的遥感影像，并确定用于反演的数据波段组合；根据实际情况，选择模型分析法、半经验分析法、经验分析法中的任何一种方法进行水质反演，生成各类水质因子反演成果图。根据反演结果，分析原因，编写相关技术报告。详细技术流程如图5-5 所示。

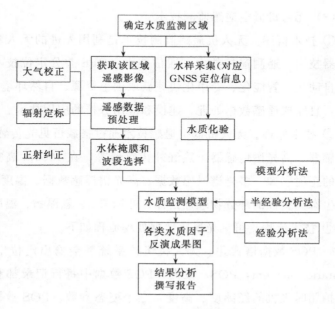

图 5-5　卫星遥感技术监测流程

④ 工程实例。工程应用概况及技术数据资料来源于"辽河流域水生态完整性观测模拟平台建设关键技术"课题。

a. 研究区域。研究区域选择浑河沈阳段。浑河地处辽宁省中部（122°20′E～125°20′E，40°00′N～42°20′N），是辽河流域最重要的河流之一。

b. 监测指标。研究获取了 2016—2017 年 GF-2PMS 四景同一区域的图像，其中与地面采样试验同步的是 2016/09/19，其余三景获取时间分别是 2015/05/10，2015/10/25 和 2016/06/02。GF-2 是我国自行研发的具有高空间分辨率和高时间分辨率的卫星影像。搭载了 2 台 PMS（全色/多光谱），左右相机总幅宽为 45km，星下点空间分辨率可达 0.8m，侧摆能力±35°，重访周期为 5d（中国资源卫星中心，2014）。可获取波谱范围为 0.45～0.90μm 的 1m 全色影像，以及由蓝（0.45～0.52μm）、绿（0.52～0.59μm）、红（0.45～0.69μm），近红外（0.77～0.89μm）4 个波段组成的 4m 多光谱影像。研究对叶绿素 a、总悬浮物浓度和浊度进行浓度反演。

c. 监测方法。具体水质参数反演模型见表 5-12。

表 5-12   水质参数反演模型

水质参数	模型	备注
叶绿素/a(chla)/(μg/L)	$y = 331.85x^2 - 529.61x + 212.91$	$x:(B_3 - B_4)/(B_3 + B_4)$
悬浮物(TSM)/(mg/L)	$y = -12.51x + 29.845$	$x:B_2/B_3$
浊度(turbidity)/NTU	$y = 57.767x^{0.5648}$	$x:B_2/B_1 \times B_3$

注：模型的输入是大气校正后的遥感反射率图像（单位 sr^{-1}）；B_1、B_2、B_3、B_4 分别为 GF 影像蓝、绿、红和近红外波段。

（8）无人机低空遥感监测技术

① 技术概述。无人机遥感监测技术是利用先进的无人驾驶飞行器技术、遥感传感器技术、遥测遥控技术、通信技术、GPS 差分定位技术和遥感应用技术，来实现自动化、智能化、专用化快速获取国土资源、自然环境、地震灾区等空间遥感信息，且完成遥感数据处理、建模和应用分析的应用技术。

② 技术原理。无人机低空遥感技术通过搭载可见光传感器（高分相机）、多光谱传感器、高光谱传感器、热红外传感器等，在 1000m 高空以下作业，获取观测区域的正射影像、多光谱遥感数据、高光谱遥感数据、温度数据等，实现对观测区域水生态完整性的部分物理性指标、叶绿素 a、悬浮物、温度等指标项目的反演。

③ 技术流程。可见光遥感数据处理流程如下。

a. POS 数据格式化。无人机飞控系统都会输出定位定向系统（position and orientation system，POS）数据，POS 数据中每行记录都和影像一一对应，主要包括拍照时飞机的经纬度、高度、三个姿态参数。POS 数据能够加快影像拼接的速度，无人机输出的 POS 数据和摄影测量软件接收的 POS 数据格式并不相同，需要参照软件的数据输入格式要求对 POS 数据进行格式的转换。

b. 影像拼接。利用拼图软件进行正射全景图的拼接。

c. 几何校正。快拼软件生成的全景图由于只采用 POS 数据进行地理定位，而常用无人机飞控输出的 POS 数据误差较大，导致所获取的航拍影像于实际位置存在较大偏移，需要利用地面控制点对全景图进行几何精校正。

d. 目视解译。利用 GIS 软件对研究区域的影像进行解译，获得了土地利用现状矢量数据。

高光谱数据的处理流程如下。

a. 将 POS 数据展绘在 GIS 软件中，根据 POS 数据确定每个条带在高光数据中的起始和结束行号。

b. 根据每个条带的起始和结束行号分割高光谱数据，每个条带单独一个影像文件，常用遥感软件都具备此功能，在 ENVI 软件中可用 resize 工具进行处理，也可使用开源工具 GDAL 中的 translate 命令行进行处理。相关课题组利用 GDAL 编制了航带自动划分和数据提取软件，对所获取的高光谱数据进行条带分割处理。

c. 对每个条带的遥感数据用高光谱传感器自带的几何纠正软件进行自相关纠正，消除影像的扭曲。

d. 用野外量测得控制点进行几何纠正，获得带有坐标信息的高光谱无人机遥感数据。

e. 根据目前遥感常用的叶绿素 a 和悬浮物的反演波段和实测数据，建立反演模型，进行监测参数的反演计算，所获取的结果为叶绿素 a 或者悬浮物的栅格影像。

热红外影像处理流程如下。

a. 原始灰度（digital number，DN）值影像提取。FlirT660 所获取的热红外影像为假彩色影像，每幅影像中相同数值的像素代表的温度并不相同，影像上叠加了图例、厂标、中心点温度等信息，为了去除干扰信息，用专门的图像处理工具提取影像中内嵌的原始 DN 值影像。

b. 提取存储在影像头信息中的普朗克常数（用来将 DN 值换算为温度值），将获取的 DN 值影像转换为温度值影像。

c. 根据飞行参数、T660 传感器参数计算每张影像对应的地理位置，采取直接地理定位的方式对影像进行地理配准、拼接。

④ 工程实例。工程应用概况及技术数据资料来源于"辽河流域水生态完整性观测模拟平台建设关键技术"课题。

a. 研究区域。研究区域选取沈阳市沈北新区内辽河七星湿地，位于辽河东侧支流万泉河上，与石佛寺水库相邻，湿地面积 560.38hm²，其中河流湿地 375.45hm²。辽宁七星湿地公园是沈阳市内最大的人工湿地公园。

b. 监测指标。可见光遥感（无人机摄影测量）平台用于获取监测区域的正射影像，通过遥感解译的方法获取监测区域的水生态完整性的物理参数，包括水体感官、水体面积、水体周边土地利用状况、植被状况等；高光谱遥感平台用于获取监测区域的高光谱数据，根据目前水体高光谱遥感的技术进展，拟研究水体中叶绿素 a 和悬浮物这两个参数；热红外遥感平台用于获取监测区域的热像，可监测水体及周边物体的表面温度。

c. 监测方法。

可见光遥感监测。通过观察航摄单片，利用 ArcGIS 软件进行目视解译，获取监测区域的土地利用状况矢量数据。

高光谱遥感。利用无人机高光谱遥感平台，按照上述流程获取监测区域的高光谱遥感数据，同时用 RTKGPS 测区内量测若干个控制点，用于遥感数据的几何纠正等后续处理。进行无人机高光谱遥感的同时，在水面进行实际采样，采集的水样在实验室测定叶绿素 a 和悬浮物。

反演叶绿素 a 所选取的波段为 680nm 和 695nm，反演悬浮物所选取的波段为 819nm。对所选取的高光谱遥感数据的波段按照以下公式计算反射率（RS）：

$$RS=(DN-DC)/(DN_1-DC) \tag{5-1}$$

式中　DC——暗电流；

　　　DN——高光谱数据 DN 值；

　　　DN_1——参考白布 DN 值。

按照以下反演模型对叶绿素 a 和悬浮物进行计算。

叶绿素 a：

$$Chla(mg/m^3)=56.4(R_{695nm}/R_{680nm})-41.4 \tag{5-2}$$

悬浮物：

$$Tsm(mg/L)=150.67R_{819nm}+7.0045 \tag{5-3}$$

热红外遥感。对热红外影像进行预处理后对 DN 值影像逐像素进行运算，得到温度值影像利用热像仪本身的 GPS 定位信息，通过计算获取每张照片的拍摄时飞机的方位角，基于这些信息红外影像进行概略几何纠正，然后适当进行手动调整，最后利用遥感处理软件进行拼接，获取整个监测区域的温度分布。

（9）无人船监测技术

① 技术概述。无人船是一种可以无需遥控，借助精确卫星定位和自身传感即可按照预设任务在水面航行的全自动水面机器人。

② 技术原理。通过无人船的自动巡航技术获取的监测数据，构建流域典型水域的水质评估模型，以传感器流量测量技术为支撑，建立流量测量中对于传感器测量盲区的流速反演模型，实现河流流量和水质的实时监测。

③ 技术流程。

a. 确定流域生态环境监测指标以及流域生态环境可观测的关键指标传感器。

b. 根据监测水域的物理特征，制定无人船的路径规划，结合航向控制技术实现无人船的自动巡航监测。

c. 根据监测历史数据，分析历史数据随时间的变化规律，结合社会学、环境学统计数据研究归纳水质变化规律，在此基础上构建水质评估模型。

d. 通过水质变化模型与无人船智能航行系统的交互，修订航行路径，将航行路径监测所得数据与历史数据进行对比，自动识别水质突变位置。

流域生态环境无人船监测应用技术路线如图 5-6 所示。

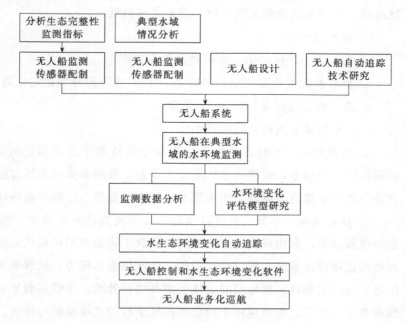

图 5-6　流域生态环境无人船监测应用技术路线

④ 工程实例。

a. 研究区域。辽河流域位于我国东北地区南部，辽河全长 1345km，全流域面积为 $2.196 \times 10^5 \text{km}^2$，人口约 3000 万。

b. 监测指标及方法。根据辽河流域 41 条支流污染物情况，选择氨氮和 COD 指标进行监测。

氨氮、COD 传感器参数见表 5-13。

表 5-13　氨氮、COD 传感器参数

参数	测量方法	测量范围	测量精度/准确度	分辨率
COD	紫外可见光谱法	0~450mg/L	±5%	0.5mg/L
氨氮	离子电极选择法	0~100mg/L	±10%	0.1mg/L

5.2.2　应急监测技术

（1）ATP 微生物活性快检法

① 技术概述。ATP 微生物活性快检法具有操作简单、耗时短（<5min）、灵

敏度高（0.5μg/L 叶绿素 a）、分析对象直接（所有藻类细胞内的 ATP）等特点，在现场评估水华程度进行早期监测和应急采样分析上已经被一些研究结构和政府所采纳。

② 技术原理。三磷酸腺苷（ATP）是一切生命活动所需能量的直接来源，浮游植物的生长也依赖细胞的光合作用所产生的 ATP。细菌细胞越多，ATP 含量也就越高，在同等的检测范围之内，发光值也越强。

③ 技术流程。

a. 取 50mL 水样过滤，将藻类截留在滤膜。

b. 提取被截留的藻内细胞中的 ATP，并进行稀释和稳定化处理。

c. 通过酶反应结果计算 ATP 浓度。

(2) 车载式水质自动监测技术

① 技术概述。车载式水生态监测和评价技术平台采用先进的车辆改装技术、在线监测分析技术、便携式水生态监测设备、数据采集与无线传输技术等，将监测设备与监测车体完美融合，实现采水、配水、监测、远程传输等功能。

② 技术原理。车载式水质自动监测技术集成已有车载化、模块化、成套化的监测仪器设备，利用可支持理化监测和少数生物监测的车载式系统设备，配备水生态现场监测操作系统、样品储存系统、供水供电系统等，能够准确、快速地发现水生态污染环境事件，能够及时完成监测并进行处理。车载实验平台不仅适宜于野外现场水生态监测，也可应用于应急水污染事故的现场监测与评价。

③ 技术流程。车载式水质自动监测系统（站）由车载式监测平台及车载监测系统组成，监测平台车体分为驾驶区和实验区，实验区改造安装供配电、空调通风、供排水、辅助配置等设施；车载监测系统主要由采排水单元、水样预处理及配水单元、现场控制单元等组成。以上设施全部集成在一台车上，可以自动完成水质在线监测分析过程中采样、留样、分析、数据上传等功能。

a. 采排水单元。系统采用自带水泵通过软件控制自动采集水样，将取水头放置在监测点，就可以实现水样的自动采集。系统产生污水通过管道集中式排放，并配备专门的废液收集容器。取水距离≥200m，取水扬程≥25m。

b. 水样预处理及配水单元。水样预处理及配水单元包括过滤装置、配水管路和阀门等设施，具备水样自动清洗、匀化、过滤等功能，满足不同复杂水体监测的需求。所有主管路采用串联方式，配有旁路系统方便仪器维护，管路干路中无阻拦式过滤装置，每台仪器都从各自的过滤装置中取水，任何仪器出现故障都不会影响其他仪器的工作，满足各仪器对样品的要求，满足所有仪器的需水量。根据五参数仪器对水样的要求，对于五参数仪器供水不经过任何处理，采用直接进入仪器的进样方式。除五参数仪器外的其他仪器，根据仪器对水样的要求，对水样进行预处理，使各仪器可以从各自专门的过滤装置中取样，且过滤后的水质不能改变水样的代表性。

　　c. 控制单元。现场控制单元主要由工控机、控制软件、执行器件等组成，实现取水管路控制、仪器运行控制、仪器数据采集、即时水质分析统计等功能，能够实时显示监测数据和系统工作状况。

　　d. 数据采集与传输。现场控制单元采集的各仪表监测数据、各仪表以及阀门的状态信息、测站环境状态信息等通过无线网络发送到监控中心，也可以通过无线网络接收来自监控中心的控制命令，并反馈给现场控制单元，由现场控制单元执行监控中心的控制命令。

　　其他辅助单元包括清洗设施、废液收集、实验设施等。辽河流域水生态车载监测技术路线见图 5-7。

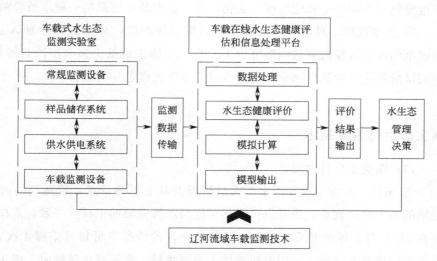

图 5-7　辽河流域水生态车载监测技术路线

（3）便携式电化学法

　　① 技术概述。近年来突发性重金属环境污染事故时有发生，而便携式痕量金属分析仪因其极低的成本与高灵敏度的特点，广泛应用于环境应急重金属离子的监测分析。

　　② 技术原理。电化学法的工作原理为溶出伏安法，即当水中含有锌、镉、铅、铜、砷、汞等重金属离子时可以在适当的支持电解质溶液中，用膜电极做工作电极，以银-氯化银做参比电极，加以适当的预电解电位，经过一定时间的预电解富集，还原到膜电极上。然后在较短的时间内做反向溶出扫描测定，记录其溶出伏安曲线，根据其溶出电位和峰高，用标准加入法定量计算被测物的含量。

　　③ 技术流程。首先将工作电极浸入到样品溶液中，保证磁力搅拌器以恒定的速率对样品进行搅拌；设置电镀时间，铜、铅、镉的测试在此方法中采用标准加入法，将电镀时间调到 0.5～60s 之间，直到测得的金属峰高为 20～40nA，理想值为

30nA（同时测定多种金属，数值较大的峰高为理想值即可）；在样品中至少做 3 次添加，依据待测水样峰高向水样中适量添加 20×10^{-6} 铜、铅、镉混合使用液，以 3 次添加后目标峰高为待测水样峰高的 2 倍左右为宜，以标准溶液添加量为横轴，标准溶液添加后相对应的峰高为纵轴作图，绘制曲线，该曲线的反向延长线与横轴的交点横坐标的绝对值，即为待测样品的浓度。

（4）试纸快速监测法

① 技术概述。试纸法应用于突发环境污染事故应急监测现场快速测定，适用于应急监测初期阶段污染较重水体中金属离子铜、镍、锌、铅、钴、铁、砷、钼的定性、半定量分析。

② 技术原理。试纸法是通过试纸一端的显色剂与水体中的被测物质发生反应通过显色反应而产生相应的颜色变化，进行定性及半定量的一种水质检测方法。

③ 技术流程。对水样进行前处理后取定量溶液，分别向其中加入显色试剂，将试纸的反应区浸入到被测溶液中 1s，取出后除去试纸上多余溶液且等待 15s 后，判别试纸反应区中显色部分与色标卡对应浓度的颜色是否相符。

5.2.3　水生态指标监测技术

（1）藻类多样性的测定

① 采样。江河中应在污水汇入口附近及其上下游设点，较宽阔的河流中应在近岸的左右两边设点，采样点设置尽可能与水质监测的采样点一致，采样量基本保证在 1L 左右，每季度采样 1 次，在条件允许的情况下可每月采样 1 次。在湖泊、水库和池塘等水体中，可用有机玻璃采水器采样。在河流中采样时，要用颠倒式采水器或其他型号采水器，定性标本用浮游生物网采集。

水样采集后马上加固定液进行固定，以免时间延长导致标本变质，可每升加入 15mL 鲁哥氏液固定保存。固定后带回实验室进行沉淀浓缩。

② 计数。校准显微镜后对藻类进行计数。首先要将样品充分摇匀，将样品置入计数框内，在显微镜下进行计数。用定量加样管在水样中部吸液移入计数框内，计数片子制成后，稍候几分钟，让浮游生物沉至框底，然后计数。不易下沉到框底的生物则要另行计数，并加到总数之内。吸取 0.1mL 样品注入 0.1mL 计数框，在 10×40 倍或 8×40 倍显微镜下计数，藻类计数 100 个视野，如果两片计数结果个数相差 15% 以上，则进行第三片计数，取其中个数相近的两片的平均值。藻类计数亦可采用长条计数法，选取两相邻刻度从计数框的左边一直计数到计数框的右边称为一个长条。与下沿刻度相交的个体应计数在内，与上沿刻度相交的个体不计数在内，与上下沿刻度都相交的个体以生物体的中心位置作为判断的标准，也可在低倍镜下，按上述原则单独计数，最后加入总数之中。一般计数 3 条，即第 2、5、8

条，若藻体数量太少，则应全片计数。

（2）大型底栖无脊椎动物完整性指数的测定

① 采样。一般在污染地段的上游设置对照点，特别是河流污染监测。如果调查的水体是较大的河流，则应在断面上设左、中、右 3 个采样点。对于湖泊和水库，则应根据水体的形态和大小，设置若干个采样断面，每个断面上有两个点或若干个采样点。各个断面应反映该水体或不同污染源的不同污染程度。在比较"洁净"的地区设对照断面或对照采样点。不论是河流或者湖泊，底栖动物采样断面或采样点要和理化分析的采样断面或采样点相一致或相接近，以利于样品的分析和保证结果的相关。底栖动物群落组成在年度内有着一定程度的优势种类的更替现象，数量也有变动，因此每季度调查或测定一次是适宜的。如果考虑到工作量或人力物力方面的限制，一年两次是必须的，可定为春季（4～5 月）和秋季（9～10 月）。

采集样品时要记录采样点位周围环境，测量水深、水温和流速，测定透明度、溶解氧、水色及底质性质，做好结果分析的原始依据。样品采集后，现场加入 1％福尔马林或 30％酒精固定，为防止加入酒精后脱色，加固定液前需记录好样品色泽。

② 样品的鉴定和计数。计数是在鉴定的基础上进行数量统计，除个体较大的软体动物外，其他皆在实体解剖镜下按属或种计数，并按大类统计数量。由于各个种类和其数量将影响分析的结果，在计数时不要漏掉稀有种类。在有机污染较重的河流下游、河流入海口处水流较缓，水草茂盛处往往水丝蚓数量较多，无法计数时可用称法，按湿生物量报出结果。对断体的动物个体按头数计数。

（3）鱼类完整性指数的测定

① 采样。采样点的设置力求接近水质监测的采样点，综合考虑水质监测点位主要特征及主要污染源进行布设。河流应在每个排污口的上游、下游和大支流注入口的上游、下游布点。支流进入干流之前的河段也应布点。湖泊除考虑排污口以外，应在主要入湖河道和出湖河道上布点，同时可按湖流方向，从入湖口起在不同类型水域内布点，如进水区、出水区、深水区、浅水区、渔业保护区、捕捞区、湖心区、岸边区等。采样时，还应兼顾表层鱼、中层鱼和底层鱼。鱼类的采集工作量较大。一般来说，每年在枯、丰水期各采一次即可。也可枯、丰、平水期各采样一次，或每季度采一次，可视评价工作所要求的精度和人力物力而定。

野外采集到鱼样时，应尽快处理和保存。如果当天分析，冷冻保存即可，否则需加入 3g 硼砂和 50mL10％福尔马林固定溶液。

② 样品的分析鉴定。全部鱼类个体要鉴定到种，并统计数量，测定每尾鱼的体重和全长。测定年龄的方法有体长频数法、耳石和骨法、鳞片法，使用最广泛的是鳞片法。根据鉴定结果可把全部鱼样划分为几个年龄群，并分析其年龄组成，获得鱼群中老幼个体的分布情况。

5.3 **主控因子监测技术评估方法**

对流域水生态环境承载力监测技术的筛选要以技术环境指标、经济指标、技术指标作为其评价指标，分析研究技术的可行性、先进性以及实施效果，从而筛选最合适的流域水生态环境承载力监测技术。对于技术筛选方法，国内外的研究主要包括层次分析法、模糊数学法和组合处理方法。通过综合分析比较，最后采用层次分析方法对监测技术成果进行筛选和评价。

5.3.1 筛选原则

开展流域水生态环境承载力监测技术筛选采用的原则如下。

（1）系统性原则

把技术置于整个社会大系统中，考察它与各因素的相互关系，全面权衡利弊，在满足环境保护标准的同时，达到整体优化。

（2）需要性原则

根据科学技术发展需要和人类社会发展需要综合评价。

（3）预测性原则

不仅考虑现实需要，还要预测未来需要；不仅考察近期后果，还要预测长远发展。

（4）动态性原则

技术及其相关因素具有相对稳定性，但又总是处于不同程度的变化之中，水环境管理技术的评价分析一般不是一次性完成的，需要根据变化的情况及时调整。

（5）可靠性原则

技术可靠性是指技术在研发、运行、推广以及应用等各方面是否可靠，是否会威胁到国家安全、社会安全和环境安全等。某个技术的可靠性越高，说明该技术的可利用率越高，也说明该项技术能够平稳运行，方便相关部门运营管理，有较好的应用效果。技术设计思路可靠以及技术平稳使用是技术可靠性的重要体现，其中前者是决定技术可靠性的重要条件。技术设计思路可靠是指学者在对此项技术进行研发时充分考虑技术的可操作性以及普适性，减少运行过程中因设计问题导致的系统故障。一般情况下，越容易操作的技术出现安全问题的概率越小，即便是在使用过程中发生了问题，技术仍然具有很强的可维护性，保证技术平稳使用。

（6）推广性原则

推广性原则是指该项技术有可推广的潜能，并以此逐渐进行产业化发展。当一种技术在被越来越大程度地运用的同时，其技术操作以及运营管理方式也会不断改进、不断提升，技术使用度不断成熟。对于应用前景，不应该只关注眼前的现实需求，更应该做长远考虑，谋求未来的发展。技术通过研究、开发、应用、扩散而不断形成产业的过程即为技术的产业化过程。这个过程非常复杂，从实验到试验、示范，再到正式投入生产，投放市场，最终形成产业。在此过程中出现的许多技术难题也需要一一找到解决途径。对于城镇水污染控制与治理技术，单项技术不能形成产业，但是最终通过技术整合，统一管理后，水处理技术与城乡规划、土地资源和环境保护结合起来，就是一条产业链。

5.3.2　监测技术评估方法

层次分析法是一种层次权重决策分析方法。这种方法使用少量的信息数学化决策思考的过程，进而解决基于多项准则、多个目标或者没有特定结构条件的复杂问题。综合得分法的思想是对多个评价标准中的各项指标进行评价得分，然后将不同评价标准下的各个得分按照公式进行加权求得总分。本研究采用层次分析法结合综合得分法对指标进行权重赋值以及得分排序，确定不同监测技术的技术适宜度，给出不同条件下监测技术使用的优先级建议。评估技术路线如图 5-8 所示。

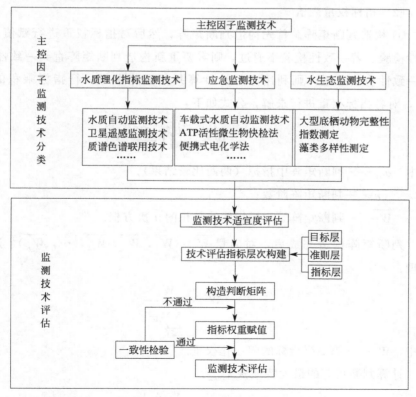

图 5-8　评估技术路线

（1）技术评估指标层次构建

综合考虑技术特点、适用范围，本研究采用层次分析法构建评价指标体系。评价体系分为三个层次，第一层次为目标层，目标层指标选用技术适宜度；第二层次为准则层，准则层指标选用环境依赖性、技术投资和技术适用性；第三层次为指标层，指标层指标选用水温、气象条件、检测成本、仪器设备重复利用率、技术难易程度、检出时间、技术成熟度和可监测指标数 8 项指标。技术评估指标层次结构见图 5-9。

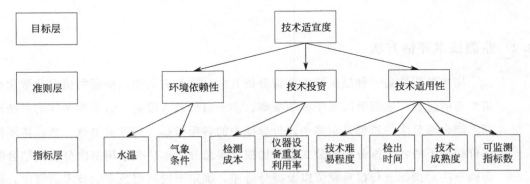

图 5-9　技术评估指标层次结构

（2）指标权重赋值

① 构造判断矩阵。首先构造判断矩阵，然后对指标权重进行赋值，再进行一致性检验。若一致性检验不通过，则需要重新构造判断矩阵直到一致性检验通过；若一致性检验通过，则利用方根法计算判断矩阵中每一行指标乘积的 n 次方根 $\overline{W_i}$，对各指标权重进行求解，公式如下：

$$\overline{W_i} = \sqrt[n]{\prod_{j=1}^{n} a_{ij}} \tag{5-4}$$

式中　a_{ij}——判断矩阵中指标（两两比较结果）；

　　　　n——判断矩阵阶数；

　　　　$\overline{W_i}$——判断矩阵第 i 行指标的乘积的 n 次方根。

判断矩阵构造完成后，对向量 $\overline{W} = (\overline{W_1}, \overline{W_2}, \overline{W_3}, \cdots, \overline{W_n})^T$ 进行归一化处理：

$$W_i = \frac{\overline{W_i}}{\sum_{i=1}^{n} \overline{W_i}} \tag{5-5}$$

式中　W_i——第 i 行指标的归一化权重。

计算判断矩阵的最大特征根 $\lambda_{\max}$：

$$\lambda_{\max} = \sum_{i=1}^{n} \frac{A_i W}{n W_i} \tag{5-6}$$

式中　A_i——判断矩阵的第 i 个行向量。

② 计算判断矩阵的一致性比率（CR）。通过计算判断矩阵的一致性比率检验其一致性，以免出现违背常识的判断。一致性比率的公式如下：

$$CR=\frac{CI}{RI} \tag{5-7}$$

$$CI=\frac{\lambda_{max}-n}{n-1} \tag{5-8}$$

式中　CI——一致性指标；

　　　RI——随机一致性指标。

RI 取值见表 5-14。

表 5-14　RI 取值

n	1	2	3	4	5	6	7	8	9	10	11	12	13	14
RI	0	0	0.52	0.89	1.12	1.26	1.36	1.41	1.46	1.49	1.52	1.54	1.56	1.58

通常情况下，当一致性比率 CR＜0.1 时，即可认为所构造的判断矩阵通过一致性检验，将特征向量进行归一化，以归一化的值作为权向量来对指标权重进行计算。由于二阶矩阵完全满足一致性，因此当判断矩阵为二阶矩阵时，不需要进行一致性检验。利用综合得分法对监测技术进行评估，可计算得出监测技术得分，公式如下：

$$E=\sum_{i=1}^{7}W_iC_i \tag{5-9}$$

式中　W_i——指标权重；

　　　C_i——指标赋值。

对评估指标进行等级划分和权重赋值，通过上式计算，确定每种监测技术的适宜度。

5.4　监测技术评估指标赋值

5.4.1　准则层对目标层的权重赋值

（1）构造判断矩阵

对准则层中环境依赖性、技术投资和技术适用性的权重进行赋值计算，具体结果见表 5-15。

表 5-15   指标判断矩阵 (一)

技术适宜度	环境依赖性	技术投资	技术适用性
技术适用性	9	3	1
技术投资	3	1	1/3
环境依赖性	1	1/3	1/9

(2) 权重赋值

环境依赖性权重经计算为 0.33，技术投资为 1.00。技术适用性经计算为 3.00。指标经归一化处理后，环境依赖性为 0.08，技术投资为 0.23，技术适用性为 0.69。

(3) 一致性检验

最大特征根计算公式如下：

$$\lambda_{max} = \sum_{i=1}^{3} \frac{(AW)_i}{nW_i} = 3.0002 \tag{5-10}$$

$$W \approx \begin{pmatrix} 0.6923 \\ 0.2308 \\ 0.0769 \end{pmatrix}$$

$$AW \approx \begin{pmatrix} 1 & 3 & 9 \\ 1/3 & 1 & 3 \\ 1/9 & 1/3 & 1 \end{pmatrix} \begin{pmatrix} 0.6923 \\ 0.2308 \\ 0.0769 \end{pmatrix} = \begin{pmatrix} 2.0768 \\ 0.6923 \\ 0.2308 \end{pmatrix}$$

一致性比率 CR 计算结果为：

$$CI = \frac{\lambda_{max} - n}{n-1} = 1 \times 10^{-4}$$

$$CR = \frac{CI}{RI} = 1.9 \times 10^{-4} \leqslant 0.1$$

表明一致性检验通过。

5.4.2   指标层对准则层的权重赋值

(1) 水温、气象条件对环境依赖性的权重赋值

首先构造判断（成对比较）矩阵，对指标层中水温、气象条件的权重进行赋值计算，具体结果见表 5-16。

表 5-16   指标判断矩阵 (二)

环境依赖性	水温	气象条件
水温	1	6
气象条件	1/6	1

对各指标进行权重赋值，经计算可知，水温权重为 2.4495，气象条件权重为 0.4082。指标经归一化处理后，水温权重为 0.8572，气象条件权重为 0.1428。

（2）检测成本、仪器设备重复利用率对技术投资的权重赋值

首先构造判断（成对比较）矩阵，对指标层中检测成本、仪器设备重复利用率的权重进行赋值计算，具体结果见表 5-17。

表 5-17　指标判断矩阵（三）

技术投资	检测成本	仪器设备重复利用率
检测成本	1	3
仪器设备重复利用率	1/3	1

对各指标进行权重赋值，经计算可知，检测成本权重为 1.7321，仪器设备重复利用率权重为 0.5774。指标经归一化处理后，检测成本权重为 0.7500，仪器设备重复利用率权重为 0.2500。

（3）技术难易程度、检出时间、技术成熟度和可监测指标数对技术适用性的权重赋值

首先构造判断（成对比较）矩阵，对指标层中检测成本、仪器设备重复利用率的权重进行赋值计算，具体结果见表 5-18。

表 5-18　指标判断矩阵（四）

技术适用性	技术难易程度	检出时间	技术成熟度	可监测指标数
技术难易程度	1	3	2	5
检出时间	1/3	1	2/3	5/3
技术成熟度	1/2	3/2	1	5/2
可监测指标	1/5	3/5	2/5	1

对各指标进行权重赋值，经计算可知，技术难易程度权重为 2.3403，检出时间权重为 0.7801，技术成熟度权重为 1.1702，可监测指标数权重为 0.4681。指标经归一化处理后，技术难易程度权重为 0.4918，检出时间权重为 0.1639，技术成熟度权重为 0.2459，可监测指标数权重为 0.0984。一致性检验结果计算为 4.0002，一致性比率 CR 计算结果为 $6.67 \times 10^{-5} \leqslant 0.10$，表明一致性检验通过。

5.4.3　监测技术评估指标赋值结果

监测技术评估指标权重赋值见表 5-19。

表 5-19 监测技术评估指标权重赋值

目标层	准则层	权重	指标层	权重	总权重
技术适宜度	环境依赖性	0.0769	水温	0.8572	0.0659
			气象条件	0.1428	0.0110
	技术投资	0.2308	检测成本	0.7500	0.1731
			仪器设备重复利用率	0.2500	0.0577
	技术适用性	0.6923	技术难易程度	0.4918	0.3405
			检出时间	0.1639	0.1135
			技术成熟度	0.2459	0.1702
			可监测指标数	0.0984	0.0681

5.5 监测技术评估

对所有指标进行统一赋值，将指标评价等级划分为 5 个等级，由高到低依次赋值为 9、7、5、3、1。得分赋值见表 5-20。

表 5-20 监测技术评估指标得分赋值

指标	赋值				
	9	7	5	3	1
水温/℃	影响小	影响较小	一般	影响较大	影响大
气象条件	影响小	影响较小	一般	影响较大	影响大
检测成本/元	低	较低	一般	较高	高
仪器设备重复利用率	高	较高	一般	较低	低
技术难易程度	简单	较简单	一般	较复杂	复杂
检出时间/min	<10	10~20	20~40	40~60	>60
技术成熟度	成熟	较成熟	一般	较不成熟	不成熟
可监测指标数	多	较多	一般	较少	少

将监测技术按照综合评估得分划分为适用、较适用、一般、较不适用、不适用 5 个等级，技术综合评价分数以及监测技术评估指标得分见表 5-21、表 5-22。

表 5-21 技术综合评价分数

综合评价分数	8~9	6~8	4~6	2~4	1~2
评价等级	适用	较适用	一般	较不适用	不适用

表 5-22 监测技术评估指标得分

项目	水温	气象条件	检测成本	仪器设备重复利用率	技术难易程度	检出时间	技术成熟度	可监测指标数
(固定式)水质自动监测技术	9	9	1	9	7	9	9	9
高效液相色谱技术	7	9	5	9	5	5	9	7
气相色谱技术	7	9	5	9	3	5	9	3
色谱-质谱联用技术	7	9	3	9	3	5	7	9
分光光度法	7	9	5	9	9	7	9	9

续表

项目	水温	气象条件	检测成本	仪器设备重复利用率	技术难易程度	检出时间	技术成熟度	可监测指标数
电感耦合等离子体发射光谱法	7	9	5	9	3	5	9	7
卫星遥感监测技术	9	1	1	1	1	1	7	5
低空无人机遥感监测技术	9	1	1	3	1	1	7	5
无人船监测技术	9	9	1	3	1	9	5	9
ATP 微生物活性快检技术	9	9	9	7	9	9	7	1
车载式水质自动监测技术	9	9	1	9	7	9	7	9
便携式电化学法	9	9	9	9	9	9	9	1
试纸快速监测方法	9	9	9	1	9	9	9	1

5.5.1　水质理化指标监测技术

（1）（固定式）水质自动监测技术

（固定式）水质自动监测技术即通过设置水质自动监测站实现对河流水质的实时监测。该技术在全国应用非常广泛，已初步建立重点饮用水源地、主要江河湖泊汇入河道、国控考核断面及交界断面的水质自动监测系统。因此，技术得分为：

$$E = 0.0659 \times 9 + 0.0110 \times 9 + 0.1731 \times 1 + 0.0577 \times 9 + 0.3405 \times 7$$
$$+ 0.1135 \times 9 + 0.1702 \times 9 + 0.0681 \times 9 = 6.9342$$

式中　E——技术评估综合得分。

（2）高效液相色谱技术

高沸点、分子量大于 400、热稳定性差的物质基本都可以通过高效液相色谱技术进行定性定量分析。可用此方法监测的物质占有机物总数的 75%～80%，具有高压、高速、高效、高灵敏度、适用范围广等特点。因此，技术得分为：

$$E = 0.0659 \times 7 + 0.0110 \times 9 + 0.1731 \times 5 + 0.0577 \times 9 + 0.3405 \times 5$$
$$+ 0.1135 \times 5 + 0.1702 \times 9 + 0.0681 \times 7 = 6.2236$$

（3）气相色谱技术

气相色谱技术可以分析分子量小于 400，有一定挥发性但不易分解的物质，或者分子量大于 400 但可以被处理衍生为易挥发的化合物的物质。这种方法具有非常高的检测灵敏度，但是操作相对复杂，对研究人员有较高的素质要求。定性分析时，需要将色谱峰与已知数据的相应的色谱峰进行对比研究，或与质谱法、光谱法等其他方法进行联用，才能获得最终需要的结果。定量分析时，需要对数据进行校正，因此较少单独使用气相色谱法对有机物进行测定。因此，技术得分为：

$$E = 0.0659 \times 7 + 0.0110 \times 9 + 0.1731 \times 5 + 0.0577 \times 9 + 0.3405 \times 3$$
$$+ 0.1135 \times 5 + 0.1702 \times 9 + 0.0681 \times 3 = 5.2702$$

（4）色谱-质谱联用技术

特异性高、高灵敏度、分析时间短、反应迅速等都是色谱-质谱联用技术的优点，但是在分析操作的过程中用到的标准物质、试剂材料以及设备维护成本都较高，且有一些项目的检测数据不全面，缺乏统一的衡量标准。因此，技术得分为：

$$E = 0.0659 \times 7 + 0.0110 \times 9 + 0.1731 \times 3 + 0.0577 \times 9 + 0.3405 \times 3 \\ + 0.1135 \times 5 + 0.1702 \times 7 + 0.0681 \times 9 = 4.9922$$

（5）分光光度法

分光光度法利用不同物质对不同波长光的吸收能力不同来测定物质含量，这种方法的灵敏度非常高，操作简单方便，分析时间短且具有较高水平的准确度等优点，该技术的应用十分成熟广泛。与水质自动监测技术不同，实验室分光光度法需要耗费一定的人力成本。因此，技术得分为：

$$E = 0.0659 \times 7 + 0.0110 \times 9 + 0.1731 \times 5 + 0.0577 \times 9 + 0.3405 \times 9 \\ + 0.1135 \times 7 + 0.1702 \times 9 + 0.0681 \times 9 = 7.9488$$

（6）电感耦合等离子体发射光谱法

电感耦合等离子体发射光谱法对样品分析的时间短，分析范围广，能够在同一时间内显示多项所测元素的特征光谱，对不同元素同时进行定性和定量分析。这种方法适用于有机、无机类样品，高盐样品中常量、微量、痕量金属元素或非金属元素的含量的分析，如：锰、锌、铬、镉、铜、金、银、汞、砷、硒等 73 多种元素的测定。因此，技术得分为：

$$E = 0.0659 \times 7 + 0.0110 \times 9 + 0.1731 \times 5 + 0.0577 \times 9 + 0.3405 \times 3 \\ + 0.1135 \times 5 + 0.1702 \times 9 + 0.0681 \times 7 = 5.5426$$

（7）卫星遥感监测技术

研究表明卫星遥感监测技术受气象条件影响较大，基本不受温度影响。此外，该技术在水质监测方面应用广泛并在辽河流域有相应的示范工程，技术较为成熟。因此，技术得分为：

$$E = 0.0659 \times 9 + 0.0110 \times 1 + 0.1731 \times 1 + 0.0577 \times 1 + 0.3405 \times 1 \\ + 0.1135 \times 1 + 0.1702 \times 7 + 0.0681 \times 5 = 2.8208$$

（8）低空无人机遥感监测技术

低空无人机遥感监测技术与卫星遥感监测技术原理相同，主要作为卫星遥感的辅助工具对水质进行宏观监测，且在辽河流域有示范工程，技术较成熟。因此，技术得分为：

$$E = 0.0659 \times 9 + 0.0110 \times 1 + 0.1731 \times 1 + 0.0577 \times 9 + 0.3405 \times 1 \\ + 0.1135 \times 1 + 0.1702 \times 7 + 0.0681 \times 5 = 3.2824$$

（9）无人船监测技术

无人船监测技术搭载多种传感器，可根据既定路线航行，对指标进行实时监测，因此监测成本较高，技术较难且应用相对较少，但是该技术可以实时对水质进行监测，监测时间短，且受到环境条件影响小。因此，技术得分为：

$$E = 0.0659 \times 9 + 0.0110 \times 9 + 0.1731 \times 1 + 0.0577 \times 9 + 0.3405 \times 1$$
$$+ 0.1135 \times 9 + 0.1702 \times 5 + 0.0681 \times 9 = 4.2104$$

5.5.2　应急快速监测技术

（1）ATP 微生物活性快检技术

ATP 微生物活性快检技术通过快速检测水样中 ATP 含量，反演出叶绿素 a 浓度，操作简单，耗时短，灵敏度高，多被用于现场应急监测。因此，技术得分为：

$$E = 0.0659 \times 9 + 0.0110 \times 9 + 0.1731 \times 9 + 0.0577 \times 7 + 0.3405 \times 9$$
$$+ 0.1135 \times 9 + 0.1702 \times 7 + 0.0681 \times 1 = 7.9994$$

（2）车载式水质自动监测技术

车载式水质自动监测站搭载了水质理化监测和生物监测的车载式设备，能够满足在野外现场采样分析的要求。其原理与水质自动监测站相同，在辽河流域也得到了较为广泛的应用。因此，技术得分为：

$$E = 0.0659 \times 9 + 0.0110 \times 9 + 0.1731 \times 1 + 0.0577 \times 9 + 0.3405 \times 7$$
$$+ 0.1135 \times 9 + 0.1702 \times 7 + 0.0681 \times 9 = 6.5938$$

（3）便携式电化学法

近年来突发性重金属环境污染事故时有发生，而便携式分析仪的成本低廉，灵敏度极高，因此逐步取代实验室原子吸收法，被越来越广泛地应用于野外现场应急监测中。因此，技术得分为：

$$E = 0.0659 \times 9 + 0.0110 \times 9 + 0.1731 \times 9 + 0.0577 \times 9 + 0.3405 \times 9$$
$$+ 0.1135 \times 9 + 0.1702 \times 9 + 0.0681 \times 1 = 8.4552$$

（4）试纸快速监测方法

试纸法可对应急监测初期阶段污染较重水体中金属离子铜、镍、锌、铅、钴、铁、砷、钼实现定性和半定量分析，且在辽河流域得到广泛应用，但是目视比色不能给出较为准确的定量数值。因此，技术得分为：

$$E = 0.0659 \times 9 + 0.0110 \times 9 + 0.1731 \times 1 + 0.0577 \times 9 + 0.3405 \times 9$$
$$+ 0.1135 \times 9 + 0.1702 \times 9 + 0.0681 \times 1 = 7.0704$$

由于生态指标均通过人工进行测定，因此不进行技术评估。根据上述研究结果，可以得到每项技术的适用性，具体见表 5-23。

表 5-23　技术适用性

技术分类	技术名称	得分	技术适用性
水质理化指标监测技术	卫星遥感监测技术	2.8208	较不适用
	低空无人机遥感监测技术	3.2824	较不适用
	无人船监测技术	4.2104	一般

续表

技术分类	技术名称	得分	技术适用性
水质理化指标监测技术	(固定式)水质自动监测技术	6.9342	较适用
	高效液相色谱技术	6.2236	较适用
	气相色谱技术	5.2702	一般
	色谱-质谱联用技术	4.9922	一般
	分光光度法	7.9488	较适用
	电感耦合等离子体发射光谱法	5.5426	一般
应急监测技术	ATP微生物活性快检技术	7.9994	较适用
	车载式水质自动监测技术	6.5938	较适用
	便携式电化学法	8.4552	适用
	试纸快速监测方法	7.0704	较适用

根据表5-23结果可知，卫星遥感监测技术和低空无人机遥感监测技术的技术得分分别为2.8208、3.2824，评价结果为较不适用。由于这两种方法以遥感技术为核心，图像预处理过程较为复杂，监测过程需要专业人员操作，对人员的专业素质有一定要求，此外遥感监测技术操作复杂，成本较其他技术相对较高，因此遥感监测技术比较适用于宏观监测，对于日常污染指标的监测较不适用。其余监测技术均可在日常监测中使用。监测技术适用性分布如图5-10所示。

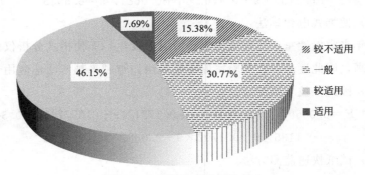

图5-10　监测技术适用性分布

由图5-10可以看出，遥感监测技术均为较不适用的技术仅占比15.38%，适用度一般的技术占比30.77%，适用的技术占比7.69%，较适用的技术占比最高为46.15%，可以初步确定所筛选出的技术的适用性水平较高，可以满足对不同污染指标的日常监测。每种监测技术均有其适用条件。

（1）水质理化指标监测技术

① 常规水质理化指标。在条件允许的情况下，优先选用水质自动监测技术。该技术成熟且能够快速实时地对COD、氨氮、总氮、总磷以及重金属离子进行监测。若需要人工监测时，优先选用分光光度法，该方法操作简便且准确度高。遥感监测技术由于其受环境影响较大，且成本高，检测时间长，因此不作为日常监测手段，但可作为辅助监测手段，实现对叶绿素a浓度的反演。

② 有机物指标。对有机污染物进行监测时，优先使用高效液相色谱法。该方

法应用广泛，技术成熟，通过与不同水样前处理技术相结合能实现对辽河流域主控因子中阴离子表面活性剂、药品及个人护理品（PPCPs）的定量分析。在对水体中复杂的化合物进行定性定量测定时，推荐使用色谱-质谱联用法。其中质谱法可以对水样中相对简单的污染物进行有效的定性分析，色谱法可以准确地对相对复杂的有机化合物进行定量分析，因此对农药、多环芳烃、氰化物等复杂化合物推荐使用色谱-质谱法进行定性定量分析。

（2）应急监测技术

环境突发污染事故主要包括重点流域、敏感水域的水环境污染事故。引起事故的原因通常是由于城市污水以及工业废水、固体废物和废气中存在大量的耗氧物质，这些废水没有经过正确处理就排放，导致了环境污染事件的发生。为进行现场应急监测，建议使用便携式电化学法，可检测到的重金属离子至少 11 种，包括：砷、镉、铜、汞、铅、锌及铬、锰、镍等。最快检测时间：30～120s。检测前准备时间仅需几分钟。试纸快速检测法虽然操作简单，成本低廉，检测迅速，但是由于目视比色不能给出较为准确的定量数值，所以建议在应急监测前期的定性及半定量时使用。对叶绿素 a 的应急监测建议使用 ATP 微生物活性快检技术。该种方法成本低，操作方便且应用广泛。

参 考 文 献

[1] 张盛，王铁宇，等．多元驱动下水生态承载力评价方法与应用——以京津冀地区为例［J］．生态学报，2017，37（12）：4159-4168.

[2] Verhulst P E. Notice sur la loi que la population suit dans son accroissement. Corresp. Math. Phys, 1838, 10：113-121.

[3] Park E P, Watson B E. Introduction to the Science of Sociology. Chicago：The University of Chicago Press, 1970：1-12.

[4] 温煜华．甘南黄河重要水源补给区生态经济耦合协调发展研究［J］．中国农业资源与区划，2020，41（12）：35-43.

[5] 曹建廷，黄火键，等．国际上水资源综合管理进展［J］．水科学进展，2018，29（1）：127-137.

[6] 王浩，贾仰文．变化中的流域"自然社会"二元水循环理论与研究方法［J］．水利学报，2016（10）：1219-1226.

[7] Xueru Jin, Xiaoxian Li, Zhe Feng, et al. Linking ecological efficiency and the economic agglomeration of China based on the ecological footprint and nighttime light data［J］．Ecological Indicators, 2020, 111-112.

[8] Danyang Feng, Guishen Zhao. Footprint assessments on organic farming to improve ecological safety in the water source areas of the South-to-North Water Diversion project［J］．Journal of Cleaner Production, 2020, 254-257.

[9] Steuer R E. An interactive multiple objective linear programming procedure［J］．TIME Studies in the Management Sciences, 1977, 6：225- 239.

[10] R. S. Laundy. Multiple criteria optimisation：theory, computation and application［J］．Taylor & Francis, 2017, 39（9），17-24.

[11] 陈文召，李光明，徐竟成，等．水环境遥感监测技术的应用研究进展［J］．中国环境监测，2008（03）：6-11.

[12] 朱悦．基于"三水"内涵的水环境承载力指标体系构建——以辽河流域为例［J］．环境工程技术学报，2020，10（06）：1029-1035.

[13] 高伟，翟学顺，刘永．流域水生态承载力演变与驱动力评估——以滇池流域为例［J］．环境污染与防治，2018，40（07）：830-835.

[14] 毛诚瑞，代力民，齐麟，等．基于生态系统服务的流域生态安全格局构建——以辽宁省辽河流域为例［J］．生态学报，2020，40（18）：6486-6494.

[15] 王立阳，李斌，李佳熹，等．沈阳市典型城市河流优先控制污染物筛选及生态环境风险评估［J］．环境科学研究，2019，32（01）：25-34.

[16] 任晓庆，杨中文，张远，等．滦河流域水生态承载力评估研究［J］．水资源与水工程学报，2019，30（05）：72-79.

[17] 王西琴，高伟，张家瑞．区域水生态承载力多目标优化方法与例证［J］．环境科学研究，2015，28（09）：1487-1494.

[18] 张晓岚，刘昌明，赵长森，等．改进生态位理论用于水生态安全优先调控［J］．环境科学研究，2014，27（10）：1103-1109.

[19] 杜鑫，许东，付晓，等．辽河流域辽宁段水环境演变与流域经济发展的关系［J］．生态学报，2015，35（06）：1955-1960.

[20] 张峥，谢轶，周丹卉．辽河水体主要污染指标时空异质性分析［J］．中国环境监测，2011，27（06）：14-17.

[21] 仇伟光．辽河流域水环境监测网络优化技术研究［J］．中国环境监测，2015，31（01）：122-127.

[22] 王辉，刘春跃，荣璐阁，等．辽河干流水环境质量监测网络优化研究［J］．环境监测管理与技术，2018，30（03）：17-21.